中国民间毛线编织高手丛书

棒针钩针花饰毛衣

王美杰 著

中国纺织出版社

目 录

编织方法：第57页

编织方法：第59页

NO.03

编织方法：第60页—

NO.04

编织方法：第61页

NO.05

编织方法：第62页

NO.06

编织方法：第63页

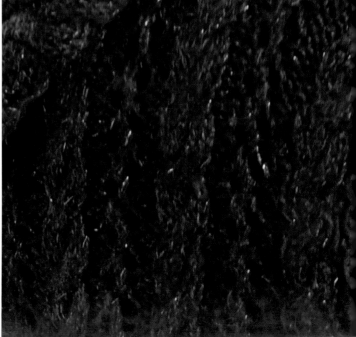

NO.07

编织方法：第65页

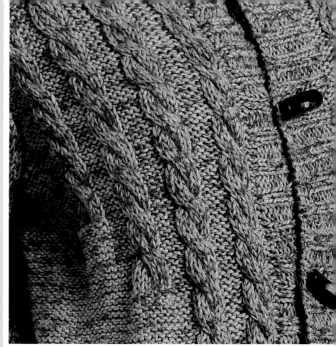

NO.08

编织方法：第66页一

编织方法：第68页

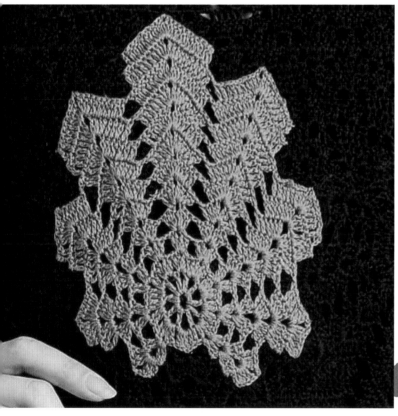

NO.10

编织方法：第69页

NO.II

编织方法：第71页

NO.12

编织方法: 第73页

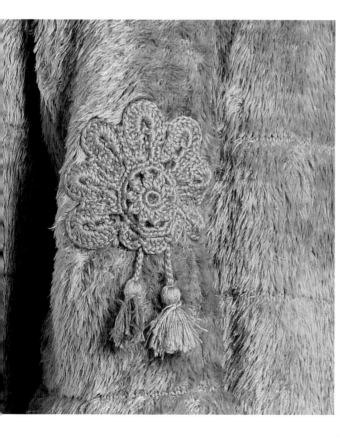

NO.13

编织方法：第75页

NO.14

编织方法：第77页

NO.15

编织方法：第79页

20

编织方法：第81页

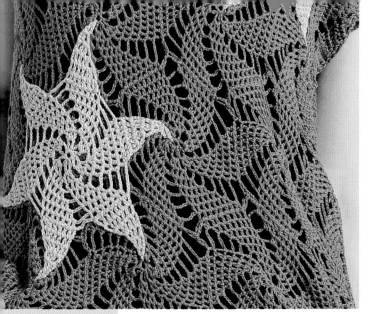

NO.17

编织方法：第83页

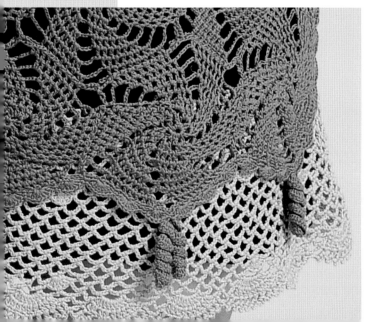

NO.18

编织方法：第84页

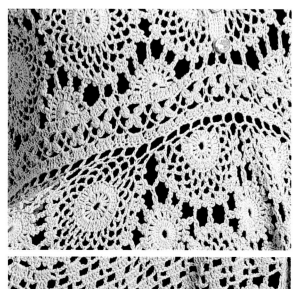

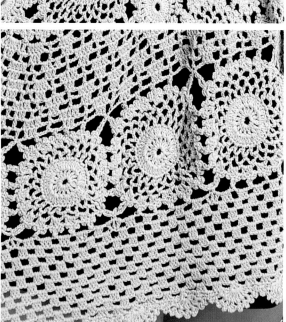

NO.19

编织方法：第86页

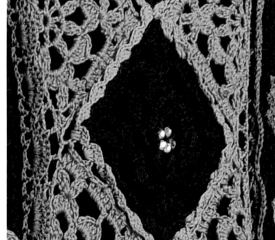

编织方法：第89页—

编织方法：第90页

28

编织方法：第92页一

NO.23

编织方法：第93页

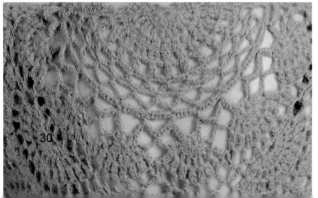

NO.24

编织方法：第95页

NO.25

编织方法：第97页

NO.26

编织方法：第98页

NO.27

编织方法：第100页

编织方法：第101页

NO.29

编织方法：第102页

NO.30

编织方法：第104页

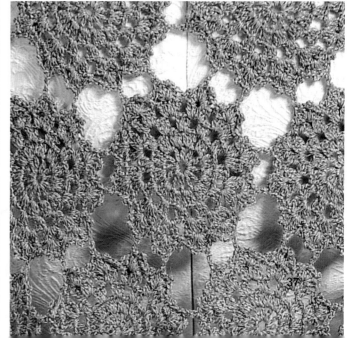

NO.31

编织方法：第105页

NO.32

编织方法：第106页

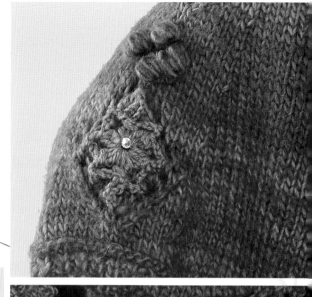

NO.33

编织方法：第108页

NO.34

编织方法：第110页

NO.35

编织方法：第111页

NO.36

编织方法：第112页

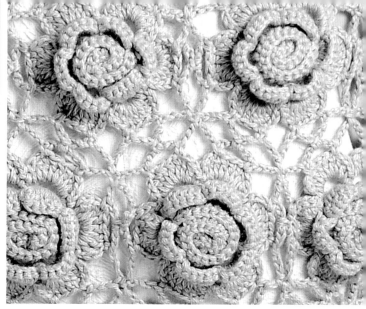

NO.37

编织方法：第113页

NO.38

编织方法：第114页

NO.39

编织方法：第115页

NO.40

编织方法：第117页

NO.41

编织方法：第118页

NO.42

编织方法：第119页

NO.43

编织方法：第120页

NO.44

编织方法：第121页

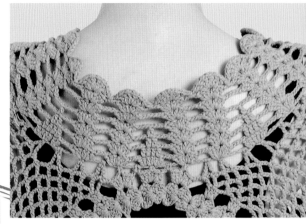

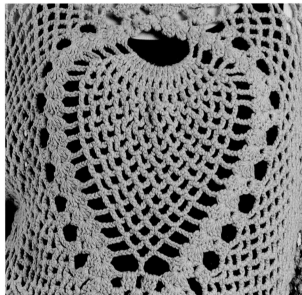

NO.45

编织方法：第123页〜

NO.46

编织方法：第124页

NO.47

编织方法：第126页

编织符号

棒针

I	下针（正针）
—	上针（反针）
○	镂空针（挂针）
ℓ	扭针
⋋	右上2针并1针
⋌	左上2针并1针
⋏	中上3针并1针
⋏	右上3针并1针
⋏	左上3针并1针
⋔ 3	3针3行的枣形针
⋈	右上1针交叉
⋈	左上1针交叉
⋈	右上2针交叉
⋈	左上2针交叉
⋈	左上3针交叉

钩针

○	锁针（辫子针）
+	短针
T	中长针
⊤	长针
⊤	长长针
⊤	3卷长针
⋒	狗牙针
⋀	长针3针并1针
⊕	长针3针的枣形针
V	1针分2针长针
W	1针分3针长针
W	1针分4针长针
W	1针分4针长针（间夹1针锁针）
♾	外钩长针
♾	内钩长针

款号：01

材料：毛巾线 米色 1100g

工具：5号棒针

配件：细羊绒线150g（钩花用线）

完成尺寸：衣长64cm，胸围94cm，肩宽40cm，袖长62cm

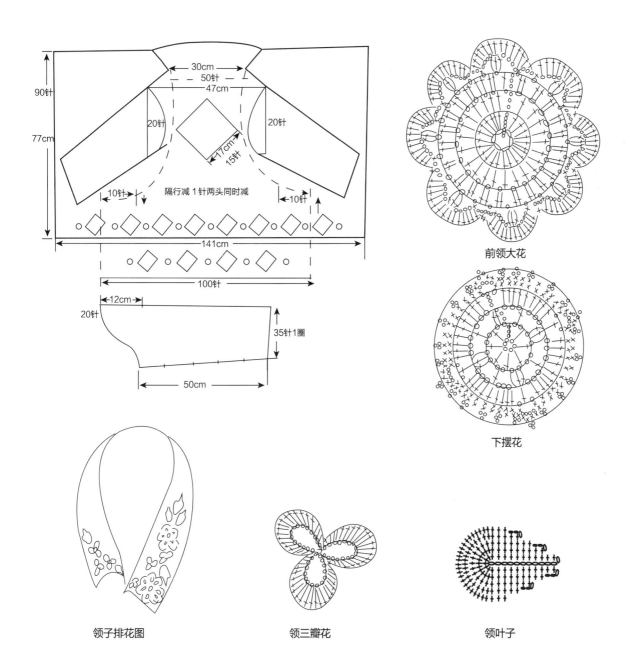

前领大花

下摆花

领子排花图　　　　领三瓣花　　　　领叶子

棒针钩针花饰毛衣

编织要点：

1.用5号针起90针往返织正针，至40cm，留袖窿。

2.领留15针，肩12针，肩部12针用引返织法，加出3cm高,后减袖窿20针，回织时加出20针。

3.后领窝是20cm，引返织法要在20cm之内加出后身宽度47cm。

4.后身窗口是17cm等边菱形，边长15针。

5.袖口起35针环形织一行正针一行反针，腋下每隔7cm加2针，织至50cm处一次性减10针，每隔1行两头各减1针，至12cm处一次性收完，与衣片缝合。

6.后贴片用5号针起100针，往返织正针，织至30cm处一次性减掉20针（两头各减10针）后，隔行两头各减1针至剩下50针时，平织到总长77cm，与衣片缝合。

编织说明：

起针后横向织，到袖窿一次性回织加出减去的针，领口引返织法。

同时加减出菱形窗口。然后织两袖口后贴片，缝上即可。

背后花样

第一圈：起8针辫子针，连成一圈，在这圈上钩24针长针。

第二圈：起4针立针，钩1针长针1针辫子针，重复24次。

第三圈：起5针立针，在1针辫子上钩1针长针2针辫子针，重复24次。

第四圈：起3针立针，在2辫子针里钩2个长针，在长针上钩1短针，3辫子针，再钩2长针，重复24次。

第五圈：3引拔针，1短针，3辫子针，重复钩编。

第六圈：1短针，4辫子针，1枣形针，4辫子针，1短针，3辫子针，重复钩编。

第七圈：1短针，3长针，1狗牙拉针，3长针，1狗牙拉针（同时引拔另一个狗牙拉针），3长针，重复钩编。

第八圈：5引拔针，1长针，2辫子针，1长针，4辫子针，重复钩编。

第九圈：3起立针，然后钩长针，隔4长针钩1个4针的狗牙针。注意在四个角上多钩3针，做出拐角。

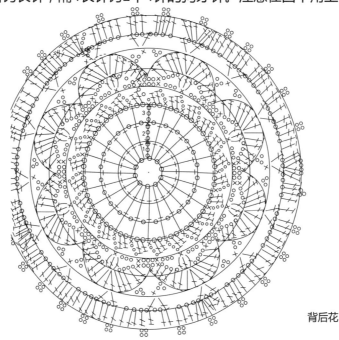

背后花

款号：02

材料：米色棉线1280g

工具：3.5号竹针

完成尺寸：衣长85cm，胸宽52cm，肩宽40cm，袖长62cm

编织要点：

1.用3.5号针起82针往返织8cm双罗纹，留出门襟20针继续织双罗纹，余下针织平针。

2.左前片织完腰间双罗纹后排花织7cm，袖窿减针，隔行减针织17cm（减掉20针）。袖窿长24cm，留出24针做肩。后片起132针，花样及袖窿减针同前片。

3.领口从距腰间3cm处加2针，每隔5cm加1次，共加6次，从距腰间3cm处减花，不减针。

4.袖口用3.5号针起52针圈起来向上织双罗纹，至7cm处分散加10针，改织平针。在袖下每隔6行加2针，共加17次。织至总长47cm时开始减袖山，每隔1行两头各减1针，共减掉76针，剩下20针平收。

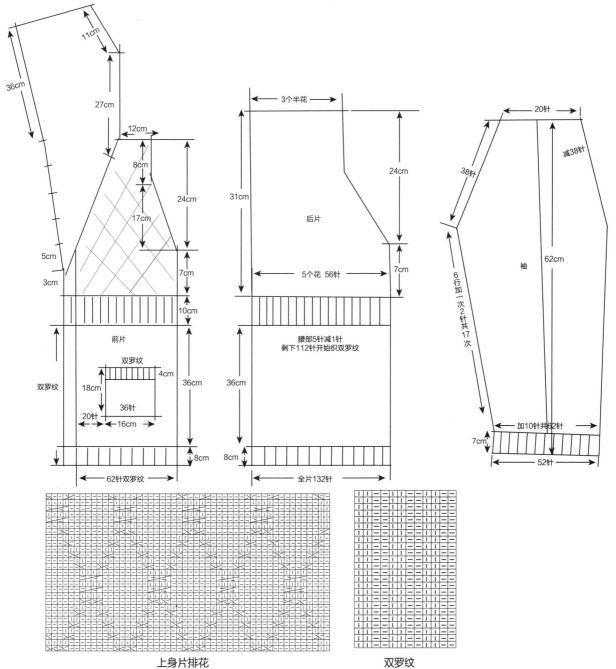

上身片排花   双罗纹

棒针钩针花饰毛衣

款号：03

材料：卡其色合股棉线920g

工具：6号棒针

完成尺寸：衣长85cm，胸围93cm，肩宽40cm

编织要点：

1. 前片起39针，排好花向上织，织至86cm处两个前片合织3cm处，隔行中缝处加2针，加至16cm，开始隔行减2针，减4次后将两片缝合形成帽子。

2. 后片起67针，排好花向上织至42cm处，两边各隔行减1针，织至中间花剩7针处与前两片缝合，再把后片下摆22cm处与前片22cm处缝合20cm。

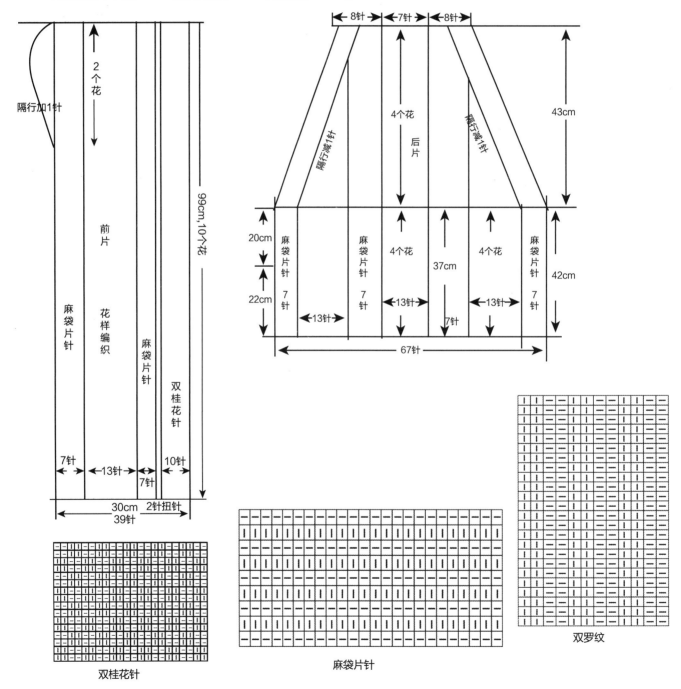

双桂花针

麻袋片针

双罗纹

款号：04

材料：羊绒线加1股马海毛 淡灰色 940g

工具：4号棒针

完成尺寸：衣长93cm，胸围93cm，肩宽40cm，袖长60cm

编织要点：

1.前片用4号棒针起64针，织2行单罗纹花样，排好花(双桂花针和菱形块)向上织，到46cm处，在菱形块的两边隔行各减1针，织7cm收针，再挑出收掉的针，往上织7cm，腋下隔行加出2针，再织7cm，收袖窿8针，后隔行收7针，织袖窿27cm，肩部余20针。

2.后片起110针，织2行单罗纹后织双桂花针，织66cm，收8针袖窿，隔行减1针共减6次，织至27cm，肩、后领剩7针。

3.袖片起40针，织3cm平针合并后向上织双桂花针，8行加1次加2针，加到60针后，织至45cm，两边各减8针后两边隔行减1针，留16针，织足11cm。

4.领口起20针，织3cm后合起来2针并1针后织平针，织至15cm后与领窝缝合，领两边多余部分抽针缝合。

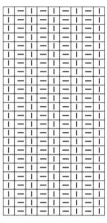

单罗纹

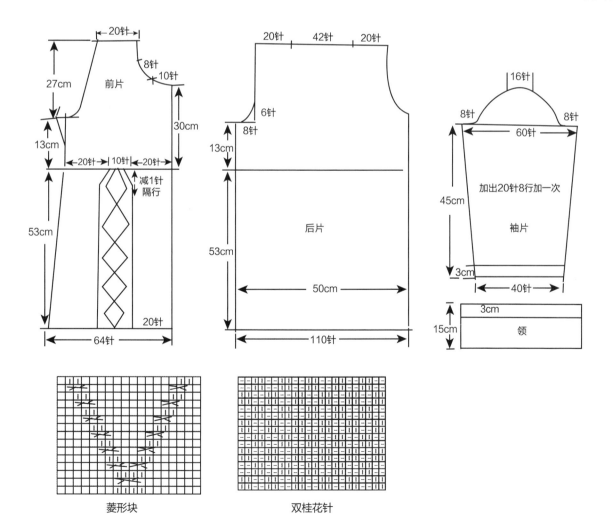

菱形块　　　　　　双桂花针

款号：05

材料：深灰色合股棉线980g

工具：6号棒针

完成尺寸：衣长63cm，胸围93cm，肩宽40cm，袖长16cm

编织要点：

1.前片起32针，织4行单罗纹后，排花向上织到27cm，腋下加出48针，袖与后片合织。继续向上织，留出领针，108针变针菠萝花针，织29cm后变针织4行单罗纹后收针。

2.后片起50针，织法同前片。腋下加针后与前片一起编织。

3.前片剩10针，2片一共20针，后片剩26针，再加上两袖共剩44针，领一共剩90针，编织菠萝针。

单罗纹　　　　　　8针麻花

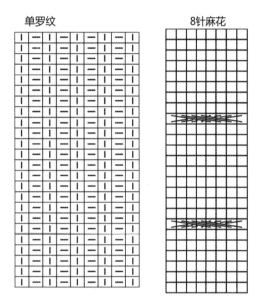

菠萝针

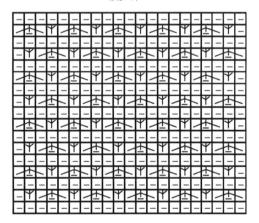

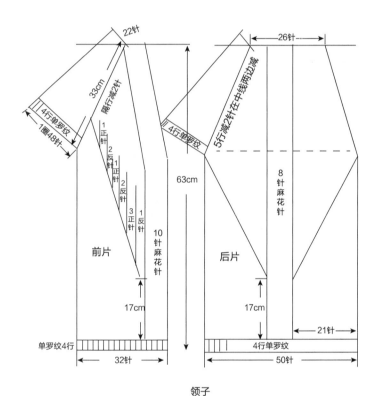

领子

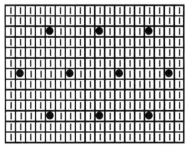

球球针

款号：06

材料：猪肝红色蕾丝马海毛合股线1000g
工具：4.5号棒针
完成尺寸：衣长72cm，胸围93cm，肩宽40cm，袖长60cm

编织要点：

用4.5号棒针，起200针片织，先织6cm平针，将其对折并织，按图所示排花织4行花17cm，开始织平针，往上织至50cm处留袖窿，锁掉5针，隔行并4针，排胸前花，前片先均匀并掉5针后排花织，够袖窿深度22cm。胸前排花：2针反针，2针加并（并加），2针反针，6针麻花，共3组，后片6组半。

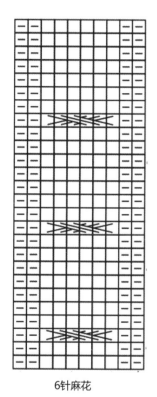

6针麻花

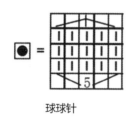

球球针

下摆、袖口花样

前片

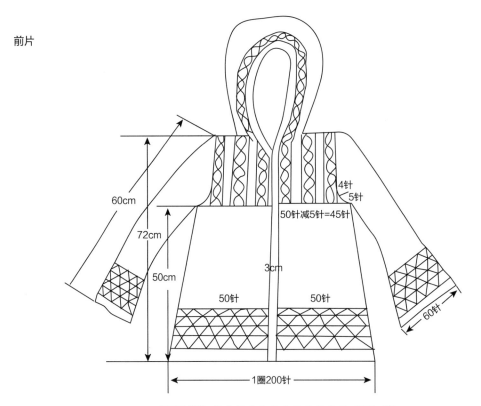

60cm

72cm

50cm

3cm

50针减5针=45针

4针
5针

50针   50针

1圈200针

60针

胸前片排花：6+2+2+2+6+2+2+2+6+2+2+2　　36针+9针
麻反加反麻反加反麻反加反
花针并针花针并针花针并针

胸前排花针数　袖窝针数

后片

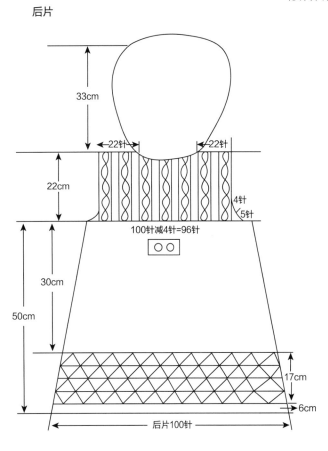

33cm

22针　　22针

22cm

4针
5针

100针减4针=96针

○ ○

30cm

50cm

17cm

6cm

后片100针

袖子

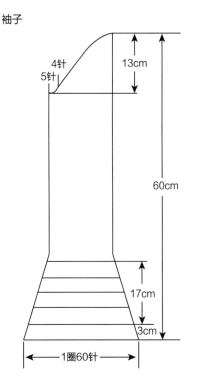

4针
5针

13cm

60cm

17cm

3cm

1圈60针

款号：07

材料：米色棉线1000g

工具：5号棒针

完成尺寸：衣长66cm，胸围93cm，肩宽40cm，袖长60cm

编织要点：

1.前片用5号棒针起73针，排三针罗纹向下织，至58cm处一边隔行减针，织10cm处全部收针，同样针法再织1片。收针部分两片缝合，30cm与方块花缝合，28cm与袖片缝合。

2.肩袖片用5号棒针起54针，向上织5行单罗纹后改织三针罗纹及8针麻花，全长98cm，对边缝40cm，单边与前片缝28cm，另一边与方块花缝30cm后与另一袖片缝合形成帽子，用同样方法缝另一袖片。

3.方块花起3针织平针，隔行两头各加1针，织至8cm处，织第一个8针的麻花，两边各织2针反针，织10行后织第二排3个麻花，当织完第三排5个麻花时，两边开始收针，隔行两边各收1针，第四排织3个麻花，第五排织1个麻花后再织8cm平针。

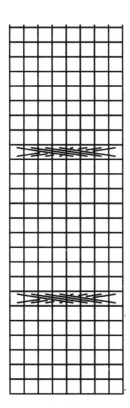

8针麻花

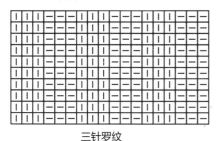

三针罗纹

73针

三针罗纹

前片

68cm

28cm

30cm

与方块花边缝合

28cm

30cm

隔行减针

减12针

28cm

肩袖片

30cm

三针罗纹

8针麻花

40cm

30cm

30针

加到68针

单罗纹5针

54针

30cm

30cm

28cm

与前片缝合

对边缝合

40cm

30针

方块花

48cm

8针麻花

30cm

款号：08

材料：深灰色三七线 1270g

工具：4号棒针

完成尺寸：衣长77cm，胸围93cm，

肩宽40cm，袖长60cm

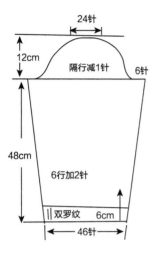

24针

12cm

隔行减1针　　6针

48cm

6行加2针

双罗纹　6cm

46针

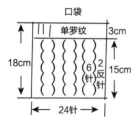

口袋

单罗纹　3cm

18cm

15cm

2反针

(6针)

24针

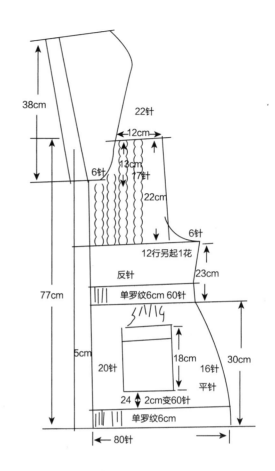

38cm

22针

12cm

6针　13cm
17针

22cm

6针

12行另起1花

反针　23cm

单罗纹6cm 60针

77cm

5cm

18cm

20针

16cm

平针

24　2cm变60针

单罗纹6cm

80针

30cm

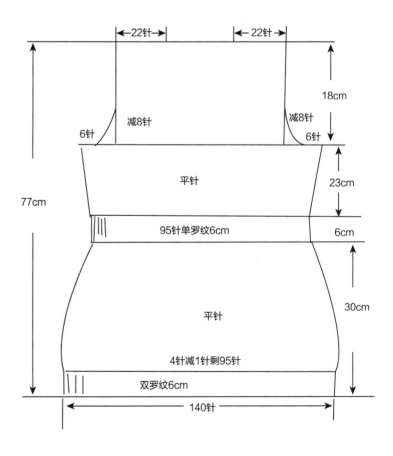

22针　　22针

18cm

6针　减8针　　减8针　6针

平针

23cm

95针单罗纹6cm

6cm

77cm

平针

30cm

4针减1针剩95针

双罗纹6cm

140针

编织要点：

1.用4号棒针起80针织双罗纹，向上6cm后隔4针减1针后织平针2cm，从衣襟这边织20针平针，织2针反针，一个6针的麻花，共织3组后继续织平针，麻花图案织出15cm后，变单罗纹织3cm收针，反针织回来时加出收掉的针数，前片下部分剩60针。依此再织1片。

2.前片上半部分起60针，织6cm单罗纹，后先织3针反针，织6针正针的麻花后织反针，织6行变针，再织6行后扭第二次针时，隔2针反针开始织6针正针，依次织出4组麻花。

3.前片上半部分织23cm后织袖窿，锁掉6针，两个来回并2针，共并4次8针，织出8cm时开始留领窝，锁掉6针，隔2个来回并2针，共并18针，肩留下22针。

4.袖起46针，织6cm后隔4针加1针，变平针，每6行加2针，向上织到48cm处，锁掉12针。隔行两边各减1针，织出12cm，留出24针锁掉。

5.帽子挑40针，从中间加2针，隔行加到10cm，不加减针继续向上织17cm后，再次隔行减2针，织8cm后锁掉所有针。

6.最后挑衣襟，织出5cm，锁掉所有针。注意在织到2.5cm时，留扣眼。

7.后片起针140针，织双罗纹到6cm处4针并1针，剩95针后改织平针30cm。后片上半身起95针织6cm单罗纹后变平针。

8.上下片缝合：下片余出部分，分两处缝合。

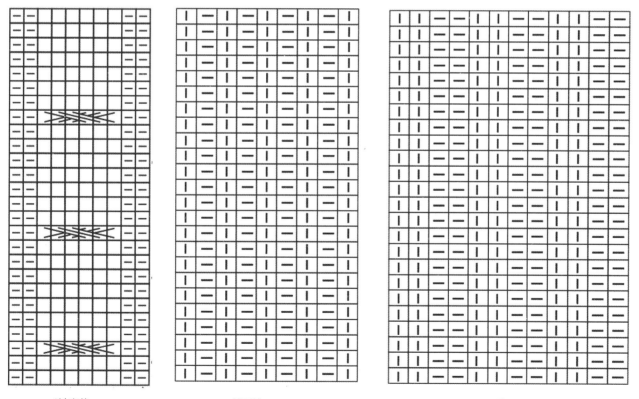

6针麻花　　　　　　　单罗纹　　　　　　　　　双罗纹

棒针钩针花饰毛衣

款号：09

材料：中灰色驼绒线与1股马海毛合股共1200g

工具：5号棒针

完成尺寸：衣长72cm，胸围93cm，肩宽40cm，袖长52cm

编织要点：

1．前片用5号棒针起50针，织7cm双罗纹后，织鱼鳞花针，织至43cm，5针减1针排花织8cm处，留袖窿。锁掉5针，隔行减1针，减52次，至袖窿高21cm，留22针与后片缝合。

2．后片起100针，织双罗纹7cm后织鱼鳞花到43cm处，5针减1针后排花向上织8cm处留袖窿，先锁掉5针，隔行减1针，减5针后再织够袖窿21cm，留22针与前片缝合。

3．织帽子，把两片前片的针数和后片领部的针数合起来一起织，前片的花要延续织到帽子上。织4个花然后缝合帽子。

4．袖子起40针圈起来织7cm处，3针加1针织一圈后织鱼鳞花，到28cm时5针减1针，排花。腋下中间隔6行加2针，织13cm处一次性减15针后，隔行两边各减1针，织到11cm处，锁掉所有针与衣服缝合。

5．鱼鳞花：织5行平针，织5针放1针，放到第5行，织第5行那1针时，把这5行的所有线拢一起织成1针。

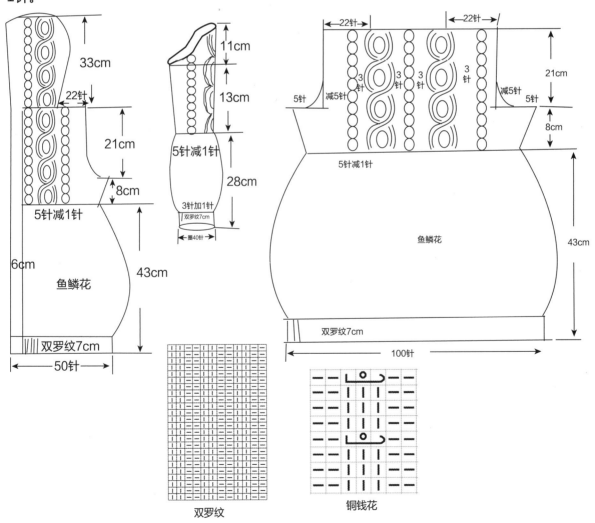

双罗纹

铜钱花

款号：10

材料：亚麻合股线 黑色、西瓜红、姜黄、西洋红 共740g

工具：1.5号钩针

完成尺寸：衣长77cm，胸围93cm，肩宽37cm，袖长10cm

上身花样

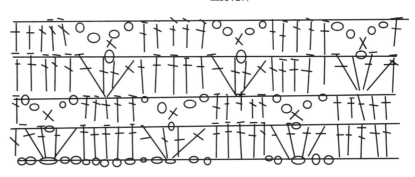

大枫叶（在大枫叶每个瓣上减少行数即为小枫叶）

编织要点：

1.先钩92cm辫子针，圈起来排花向上钩，至6cm处分两片，一片的两边各留出3cm，斜钩3cm，再向上钩15cm，完成后片袖窿。

2.前片和后片一样，区别在于，钩完斜钩3cm后，再钩10cm处，留领口，余针与后片缝合，依次再钩前片另一边。

3.袖，找肩部中线，两边各取3cm，共6cm，从右边开始排花向下钩，一个来回两边各加一个花，依次下钩至10cm处，挑起袖窿剩余的针，排好花一起圈着钩两圈，即可收针。

4.按图钩出大枫叶，黑色30个，西洋红色10个，姜黄色10个，西瓜红色10个，再钩小枫叶，姜黄色2个，西洋红色1个，西瓜红色1个。

5.先把黑色枫叶花向下，按胸围93cm长排好，第二排也是黑色枫叶，稍微向外扩一点，第三排开始放彩色枫叶，随意排放即可，仍然向外扩展。直至把所有枫叶都排到相对称即可，用针线把它们缝好，连接成一大片后对搭缝合。

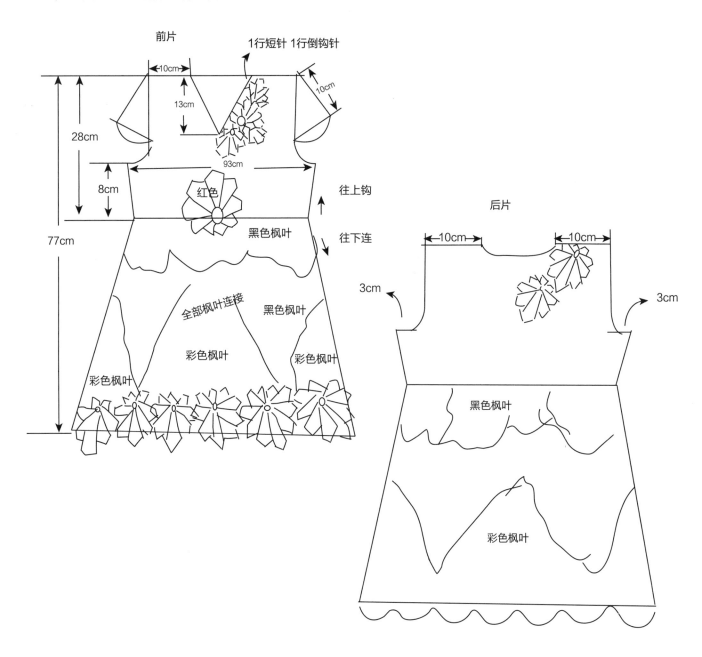

款号：11

材料：用深咖啡、驼色、米色羊绒线，加一股与各颜色相近的马海毛毛线，750g

工具：5号棒针，2.5号钩针

完成尺寸：衣长70cm，胸围93cm，肩宽63cm，袖长57cm

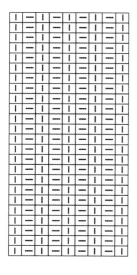

单罗纹

花枝2个

6个叶

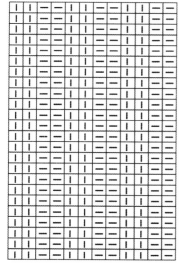

双罗纹

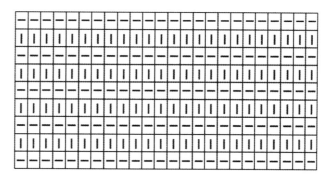

麻袋片针

五瓣花

编织要点：

此毛衣是从左衣襟开始横向织向右衣襟。

1.用5号棒针起66针，用深咖啡色线织5cm双罗纹，留出扣眼，从领口这边开始加针，变平针，换线编织。首先用深咖啡色线织6针平针，隔1针加1针变成12针（6x2=12），其次用驼色线在10针里变成30针（10x3=30），再其次用米色线织20针，不变，然后用驼色线织8针，最后用深咖啡色线织12针，现在针上有5个线头。来回换线织平针到25cm处，在驼色针里留左袖窿，用驼色线织平针，锁掉26针驼色针，再织2针驼色针，换米色线继续往下织。回头时把锁掉的针加出来，继续织。

2.后背继续织到43cm处，留右袖窿，与左袖窿一样，参照前面把另一个前片织出来。

3.袖片从袖山起织，用深咖啡色线起20针，两边隔行各加一针，织至12cm，一次性补针，让袖的针数变成55针，圈起来换驼色线织，每隔7行减2针，织12cm，换米色线织10cm，换驼色线织10cm，换深咖啡色线织3cm，1针加2针织10cm双罗纹后全部收针。

4.织领片，把领口的针挑起后加到全部140针，然后分色编织，每20针织一种颜色，一共7种颜色。收针时收得紧一点。

5.织衣摆。把衣边按顺序挑针，织2行单罗纹后，变双罗纹，1针变2针织10cm，收掉所有针。

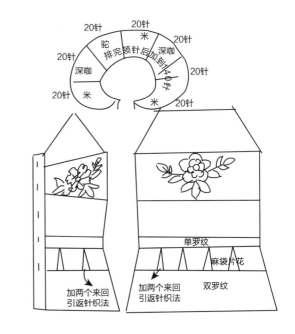

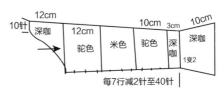

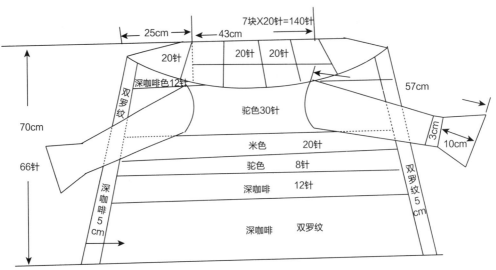

款号：12

材料：暗粉色雪貂绒1500g，深灰色东丽绒250g

工具：4号棒针

完成尺寸：衣长67cm，胸围93cm，肩宽40cm，袖长60cm

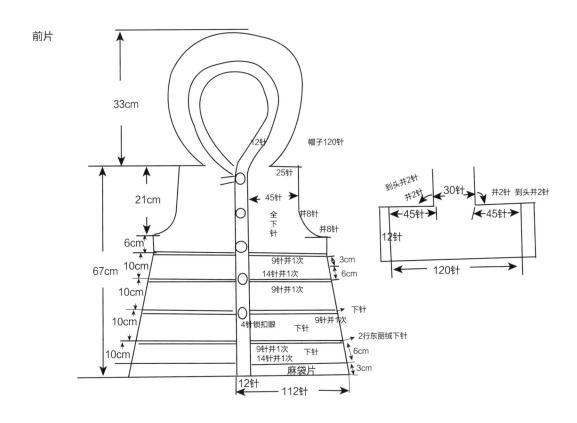

前片

33cm

21cm

6cm

67cm

10cm

10cm

10cm

10cm

帽子120针

12针

25针

45针

全下针

9针并1次
14针并1次

9针并1次

9针并1次

4针锁扣眼

9针并1次

下针

下针

下针

2行东丽绒下针

3cm

6cm

6cm

3cm

9针并1次
14针并1次

麻袋片

12针

112针

8针

到头并2针　并2针

30针

并2针　到头并2针

45针

45针

12针

120针

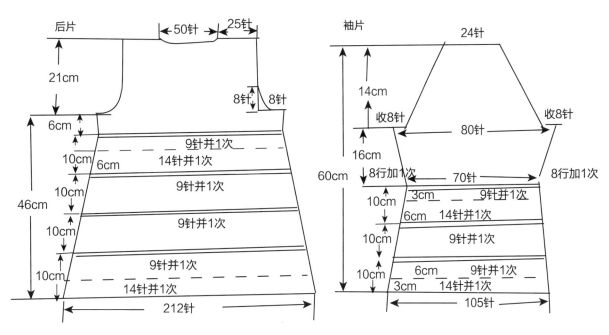

后片

50针

25针

21cm

6cm

8针　8针

10cm　6cm

9针并1次

14针并1次

9针并1次

10cm

46cm

9针并1次

10cm

9针并1次

10cm

14针并1次

212针

袖片

24针

14cm

收8针

80针

收8针

16cm

60cm

8行加1次

70针

8行加1次

10cm　3cm

9针并1次

6cm

14针并1次

10cm

9针并1次

10cm　6cm

9针并1次

3cm

14针并1次

105针

编织要点：

1.前片用4号棒针起112针，往返织正针(麻袋片针)，织到3cm处14针并1次，连续织并完变织平针，织到10cm处，9针并1次，连续织并完，换东丽绒线织2行，再换回原线织，再织到10cm处，还是织9针并1次，连续织并再换东丽绒线织2行，1行正针1行反针，再换回雪貂绒织10cm处，还是织9针并1次，织并完，换东丽绒线织2行，再换回原线织到6cm处，织14针并1次，织并完，继续织3cm处织9针并1次，织并完，用东丽绒线织2行，换原线织6cm，袖窿连并8针，斜并8针，织到21cm处，留出25针肩部，余下针数织帽子。门襟12针，织2cm回织1次，共留5个扣眼，每个扣眼间隔10cm，第一个扣眼距离衣边17cm。

2.后片起212针，织麻袋片针，织至3cm处，织14针并1次，连续织并完，跟前片织的方法一样，4个大宽条。

3.袖片起105针，织3cm麻袋片针，织14针并1次，织并完，再织6cm处织9针并1次，换东丽绒线织2行平针，换回原线，织10cm处，织9针并1次，织并完，换东丽绒线织2行，再换回原线织6cm处，织9针并1次，织并完，继续织3cm处，织9针并1次，织并完，换东丽绒线织2行，换回原线织2.4cm处，两头各加1针，以此类推，加到16cm处，两头各掉8针，继续织，到头并1针，减织到剩24针，袖山高14cm为止，全部收掉。袖子3个宽条。

4.帽子，挑100针，加出20针，不加不减织到27cm处，中间留出30针，就织30针，织到头并掉2针，织并完，织帽边12针，织完缝合。

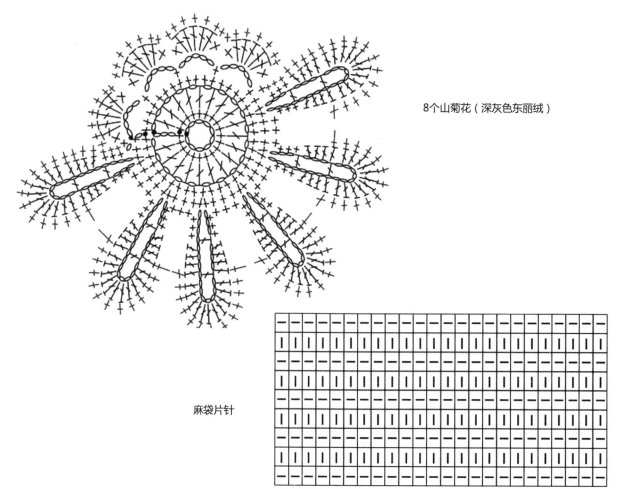

8个山菊花（深灰色东丽绒）

麻袋片针

款号：13

材料：米色兔毛线250g，米色东丽绒线500g

工具：5号棒针

完成尺寸：长171cm，宽60cm

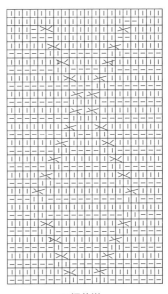

下摆花样

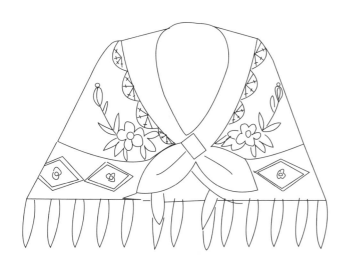

流苏(20针)
(22、24、26针流苏织法一样)

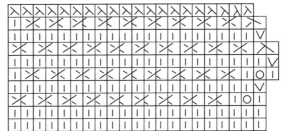

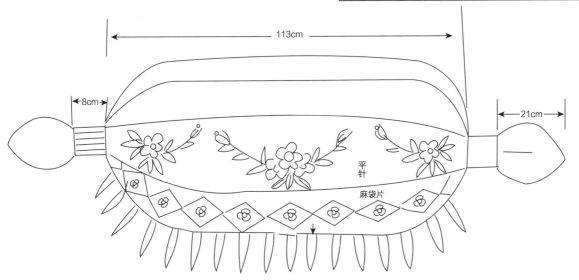

2+8+20+2+30+2+26

单 麻 麻 单 平 单 麻
罗 袋 袋 罗 针 罗 代
纹 片 片 纹 　 纹 片

流苏：20针的3个X2
　　　22针的2个X2
　　　24针的2个X2
　　　26针的3个X2

编织要点：

用5号棒针起3针织麻袋片针，隔行两边各加1针，共加至30针，不加不减往上织至21cm，变单罗纹织8cm。另取针，在变单罗纹针处挑30针另织8cm单罗纹，与前面织好的8cm形成双层后，两者并织1针变3针，30针变90针，然后开始排花，2针单罗纹，8针麻袋片针，再织20针麻袋片针，2针单罗纹，30针平针，2针单罗纹，26针麻袋片针。8针麻袋片针与20针麻袋片针处，每隔3cm各要有1次引返针。在26针中心织菱形块，最宽处11针。共8个菱形块，两头各半块菱形块。在每个菱形块的最高点和最低点，都要织1个流苏，20针的流苏3个，22针2个，24针2个，26针3个，24针2个，22针2个，20针3个。

背后大花

款号：14

材料：毛巾线 咖啡色750g、肉色1250g，羽毛线 咖啡色25g、肉色50g

工具：4.5号棒针

配件：毛领1条，大衣领扣1个，扣子4颗

完成尺寸：衣长68cm，胸围93cm，肩宽42cm，袖长60cm

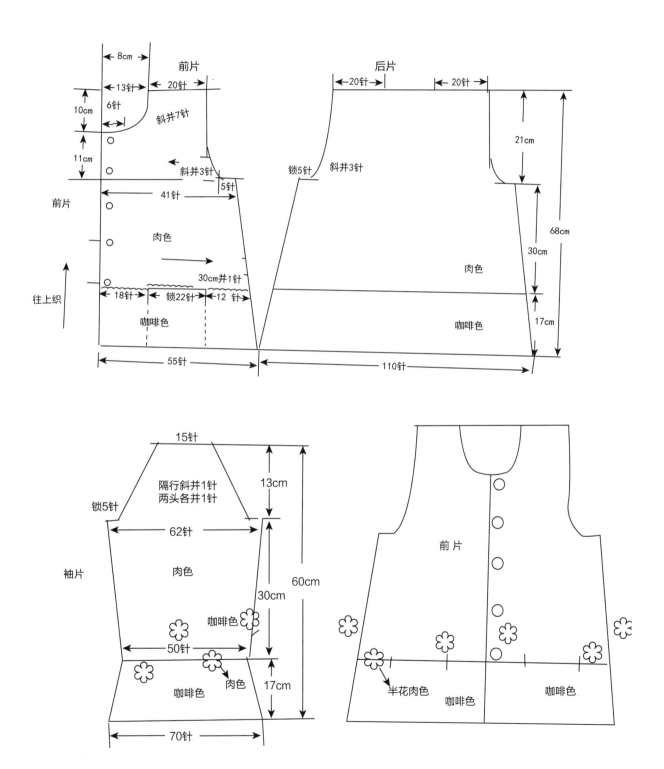

编织要点：

1.前片：用4.5号棒针起55针，将咖啡色毛巾线与咖啡色羽毛线合股织麻袋片针法17cm，织至12针处收掉22针(袋口)，再织18针，靠衣服缝合的一边，每织3cm并1针，留1针，往回织，直至17cm织完，共并4次。另起22针织平针至17cm，与上一片收掉的22针合起来一起织，同时换肉色毛巾线与肉色羽毛线的合股线织，侧边仍织3cm，并1针，留1针，返回织，至袖窿处剩41针，收掉5针，隔行并1针，并3次，往上织11cm处领口并6针，隔行并1针，重复7次，留出领口，剩下20针为肩部，与后片缝合。

2.后片：将咖啡色毛巾线与咖啡色羽毛线合股织，起110针织麻袋片针，每织3cm，两头各并1针，留1针，返回织，至17cm处，换肉色毛巾线与肉色羽毛线的合股线，仍然是每织3cm处两头各并1针，留1针，返回织至袖窿处，一次性两头各收掉5针，隔行两头各收1针，收3次，织至21cm处，与前片两肩的20针合并。以后片中间为中心，两头各挑出15针，换咖啡色线织麻袋片针，织3cm后全部收针，织出一个小立领来，缝毛领时使用。

3.袖片：片织，用合股的咖啡色线起70针，织麻袋片针，每2行两头各并1针，留1针，返回织，织至17cm处，剩余50针，换肉色合股毛巾线往上织，仍然是每织3cm两头各加1针，留1针，返回织，织至30cm处，余下62针。两头各收5针，隔行并针至剩余15针为止，将余下的针全部收掉。

4.用毛巾线钩花。把钩出来的小花如图所示排列好，缝在相应位置。

咖啡色整花10个

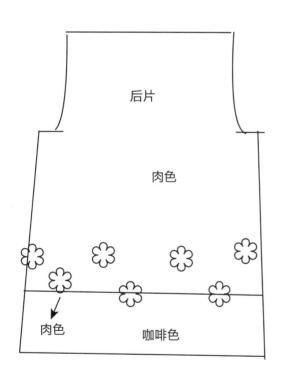

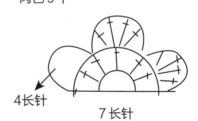

半个花：咖啡色9个
　　　　肉色9个

4长针

7长针

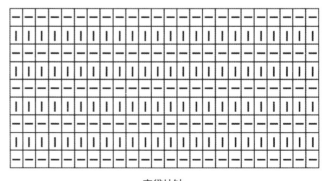

麻袋片针

款号：15

材料：米色羊绒线 1500g，米色马海毛线 250g

工具：5号棒针

完成尺寸：衣长76cm，胸围100cm，肩宽40cm，袖长60cm

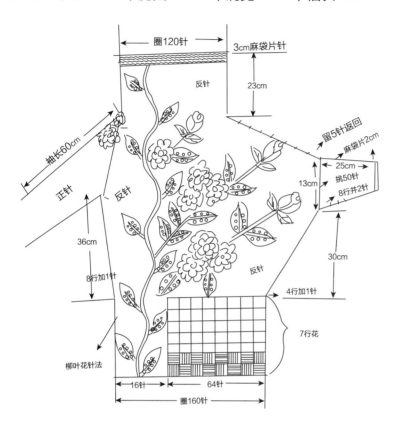

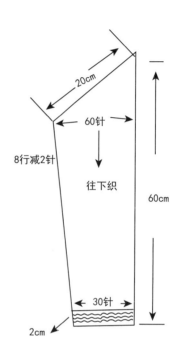

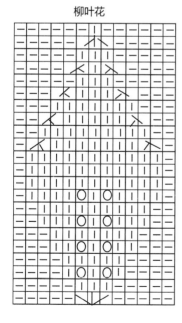

柳叶花

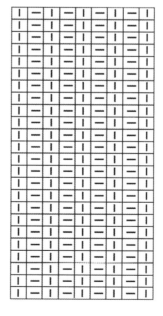

单罗纹

棒针钩针花饰毛衣

编织要点：

1.前后片一样，用5号棒针起160针圈织，从下往上织，8针单罗纹针、8针麻袋片针为一组，共10组，织完10组花，错开花样，先织8针麻袋片针，再织8针单罗纹针，织完8组，后面两组不织，改织柳叶花针法2组，一直往上织到7行花样为止，2组柳叶花不变，剩下全部改织反针（上针），把2组柳叶花分两半，以中间为中点，分别每8行加1针，另一头也找到中点，分别每4行各加2针，直至斜长33cm处不再加针。柳叶花这边加到36cm处，改片织斜度大的一边往上织13cm处，每织1行留下5针返回织。柳叶一边片织20cm，锁5针，与后片缝合，大斜肩剩下60针，都与后片缝合（并织），两片合并后，共剩120针，一直往上织领23cm，柳叶花从底部直织到领不变，最后织3cm麻袋片针全部锁掉。

2.织大袖，起10针，隔行两头各加1针，加至斜长20cm，圈织8行减2针，减到30针位置，再织2cm麻袋片针，全部锁掉。袖长60cm。

3.织小袖，在斜度大的一边直接挑50针，8行各并1针，并7次，织2cm麻袋片针，全部锁掉。

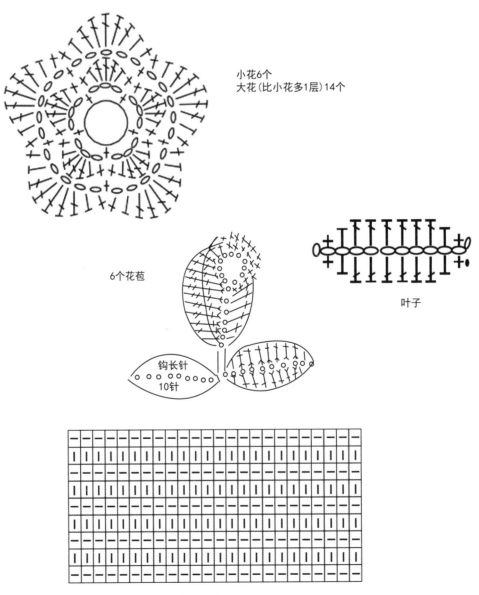

小花6个
大花（比小花多1层）14个

6个花苞

叶子

钩长针
10针

麻袋片针

款号：16

材料：宝石蓝绒线525g，宝石蓝星星马海毛300g

工具：4.5号棒针

完成尺寸：衣长56cm，胸围100cm，肩宽40cm，袖长60cm

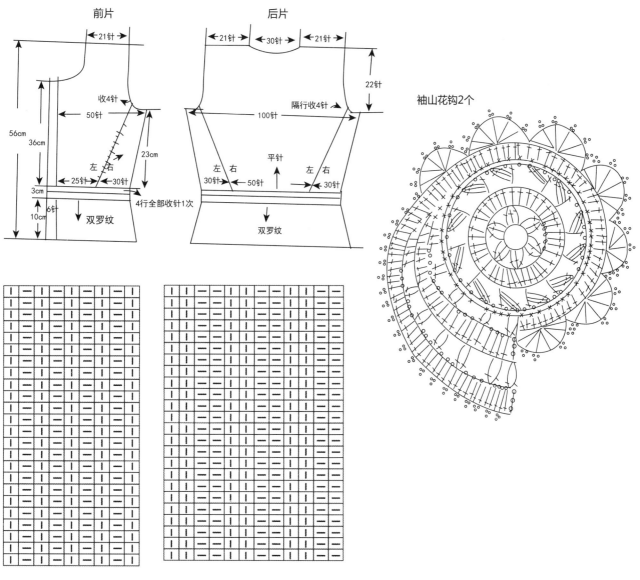

单罗纹

双罗纹

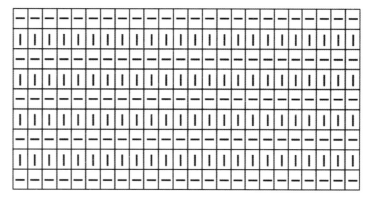

麻袋片针

编织要点：

1.整体编织，用4.5号棒针起172针，织平针，去掉6针门襟，由左向右分出点位，25针1个点，30针1个点，50针1个点，30针1个点。25针左侧每4行加1针，右侧每8行减1针；30针点位，左侧每8行减1针，右侧每4行加1针；50针点位，左侧每4行加1针，右侧每8行减1针；30针点位，左侧每8行减1针，右侧每4行加1针，织至23cm处留袖窿。左片50针处两侧各收掉5针，共10针，右片往回数50针处两侧各收掉5针共10针。先织左前片，到袖窿处并掉2针，回头第1针挑下不织，织第2针，隔行共并4针停止，织至22cm够袖窿深度为止。起织的一边注意留领口，从留袖窿开始量，织至10cm留领口，1次并掉7针，隔行并掉8针，余下针数就是肩部。

2.后片同前片，不用留领口。

3.袖片，起40针圈织，织3行，开始织花，每个花中间隔5针。每8行加2针，直至46cm处一次性收掉10针后，隔行收1针，两头收，袖中间分两半也同样收针。

4.领片，起10针，织麻袋片针法，先织2行，加出15针，回头织下针15针，再织10针麻袋片针，回织10针后，织13针反针，14针和15针并掉，回头，第一针挑下先不织，第二针开始织下针，依次隔行并5针，最后一次性并掉5针，留下5针不并，当织完反针再加出15针，还是同上并针织法，共织出6个角来就全部收掉，留下10针麻袋片针，继续织，织至领长50cm，全部收掉，与衣服领口缝合即可。

5.把钩好的花补到袖山处与衣袖窿缝合。

6.衣边挑出172针，织4行，留出6针门襟，其他全部收掉，再挑出160针，再织4行，还是留出6针门襟，其余全部收掉，再挑出160针织上下针2行，也就是织2行单罗纹，1针变2针，把单罗纹变成双罗纹，直到10cm处全部收掉即可。

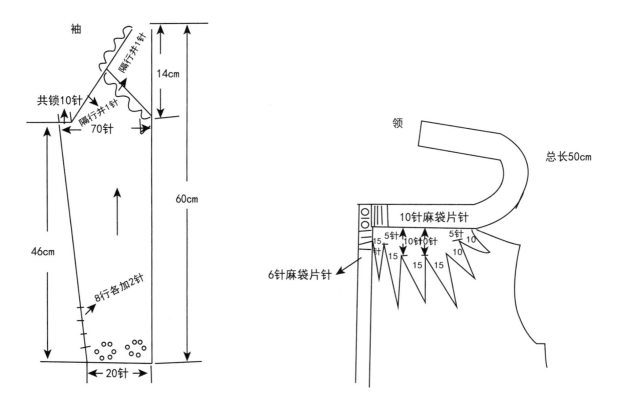

款号：17

材料：合股棉麻驼色线250g，姜黄色棉麻线75g

工具：1.0号钩针

完成尺寸：衣长76cm，胸围100cm，肩带袖20cm

编织要点：

1.大螺旋花直径10cm。

2.姜黄色渔网底边长15cm。

3.驼色6瓣大花钩53朵，姜黄色钩6朵。

4.驼色4瓣花钩6朵。

5.角花钩23个。

6.钩10组流苏，10针锁针，在每针锁针上钩3针长针。

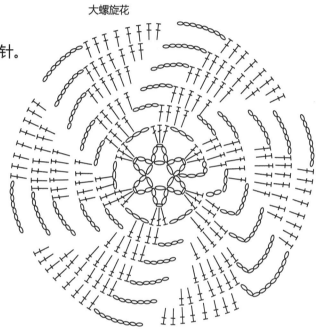

大螺旋花

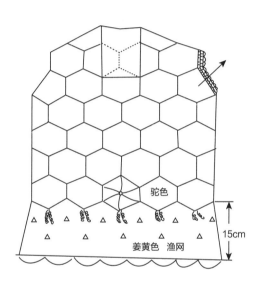

驼色

15cm

姜黄色 渔网

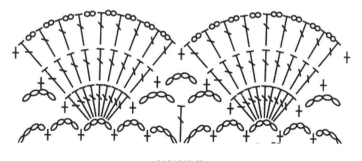

底边波浪花

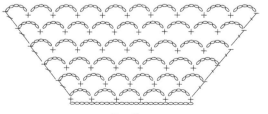

渔网花

棒针钩针花饰毛衣

款号：18

材料：灰色合股棉麻线400g

工具：1.0号钩针

完成尺寸：衣长76cm，胸围96cm，肩宽40cm，袖长10cm

编织要点：

1.先钩上身花，完成后钩腰间花，由上往下钩。

2.钩裙摆，由上往下钩，完成后与上身连接。

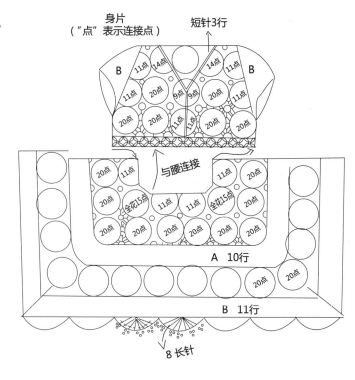

腰间花样

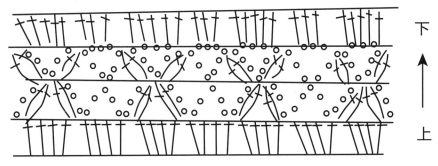

花样A

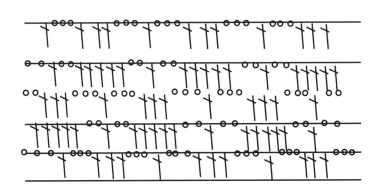

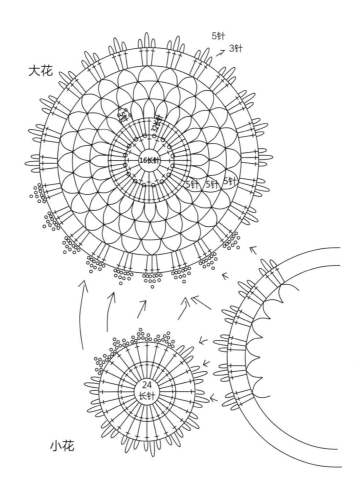

大花

5针

3针

16长针

5针 5针 5针

小花

花样B

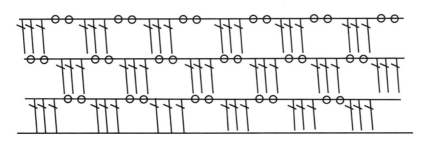

袖子

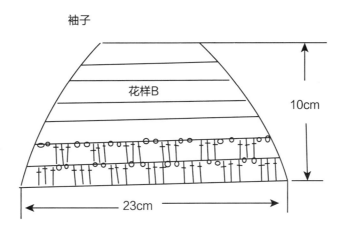

花样B

10cm

23cm

款号：19

材料：合股棉麻线 黑色300g、红色100g、深粉色25g、草绿色20g、深绿色25g

工具：1.0钩针

完成尺寸：衣长76cm，胸围96cm，肩宽40cm，袖长13cm

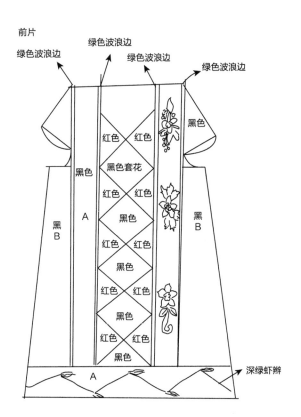

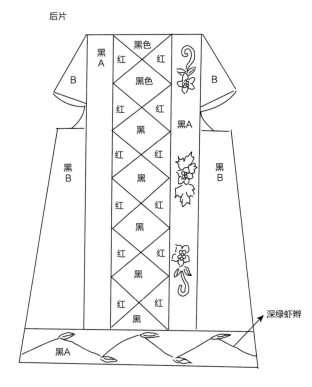

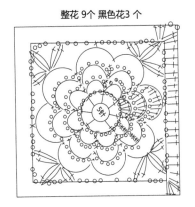

整花 9个 黑色花3 个

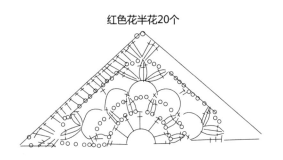

红色花半花20个

编织要点：

1.先钩立体黑色方块花9个，半花钩3个，再钩红色半花平型花20朵，与黑花连接，连接边上起1圈深绿色波浪边。

2.换黑色线钩花样A10cm，把前后片用花样B连接，边钩边两边加针，从10cm加至33cm，把前后片连接完，钩出裙摆。

3.用花样A钩裙底边8cm后，钩1圈小波浪边即可。

4.把单元花放到裙身花样A处缝上即可。

花样a

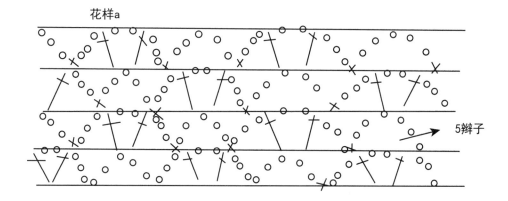

5辫子

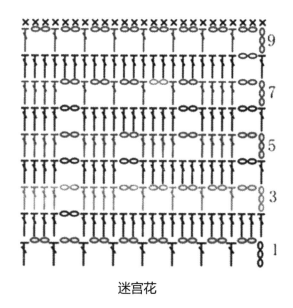

迷宫花

波浪边

装饰叶子①

装饰花朵

装饰叶子②

虾辫针

粉色

红色

15
短针

16针

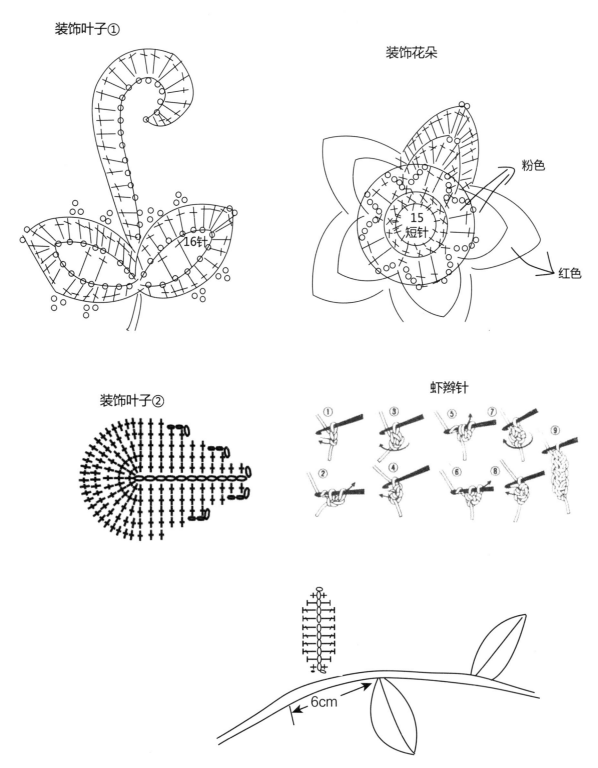

虾辫钩2m长，隔6cm处钩出1个叶子

6cm

款号：20

材料：米色棉麻合股线 400g

工具：1.0 钩针

完成尺寸：衣长73cm，胸围100cm，肩宽40cm，袖长3cm

编织要点：

1.钩29个大花，3个瓣的大花钩2个。

2.钩20个小花，3个瓣的小花钩4个。

3.按图示排花，并连接。

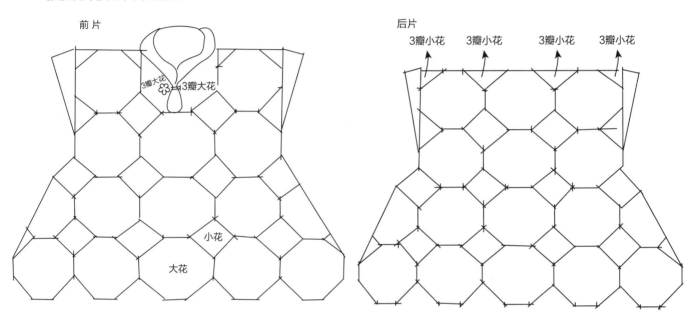

前片

3瓣大花　3瓣大花

小花

大花

后片

3瓣小花　3瓣小花　3瓣小花　3瓣小花

大花

与大花连

与小花连　　与小花连

与大花连　　　　　与大花连

与小花连　　　与小花连

与大花连

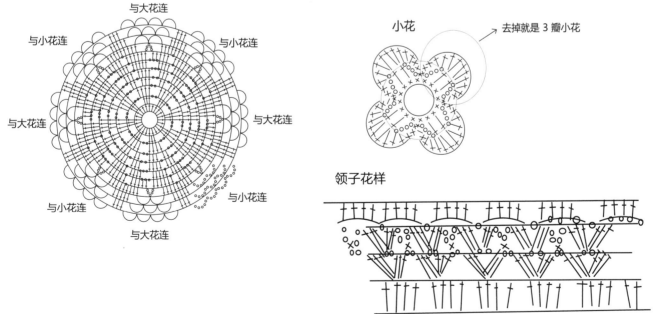

小花

去掉就是 3 瓣小花

领子花样

款号：21

材料：米色棉线500g，其他颜色各少量

工具：2.0 钩针

完成尺寸：衣长80cm，胸围100cm，肩宽47cm

编织要点：

1.前片用多种颜色织出大花后，分好领、袖部分后钩身体部分，先钩1针长针与5针辫子针打出格来，钩水草花（按图所示）：

1长针1锁针1长针1锁针钩1行

1长针1锁针1长针1锁针钩1行

2长针1锁针2长针2针辫子针钩4行

2长针1锁针2长针3针辫子针钩4行

2长针1锁针2长针4针辫子针钩3行

3长针1锁针3长针2针辫子针钩3行

3长针1锁针3长针3针辫子针钩3行

3长针1锁针3长针4针辫子针钩3行

3长针1锁针3长针5针辫子针钩3行

3长针1锁针3长针6针辫子针钩3行

3长针1锁针3长针7针辫子针钩1行

注意袖窿的留针。

2.后片从腰间起针40cm长，往上织方块花，钩5行，留出两头袖窿部分，起钩水草花，钩到23行时留后领窝，留肩部与前片缝合。从腰间往下钩裙片：

2长针1锁针2长针1针辫子针钩2行

2长针1锁针2长针2针辫子针钩4行

2长针1锁针2长针3针辫子针钩4行

2长针1锁针2长针4针辫子针钩4行

2长针1锁针2长针5针辫子针钩5行

2长针1锁针2长针6针辫子针钩5行

与前片缝合后，钩裙边即可。

前片大花

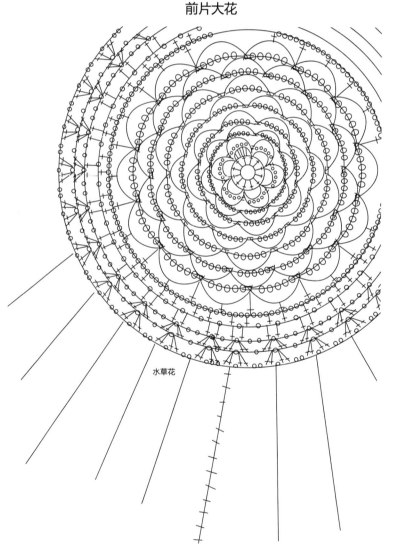

水草花

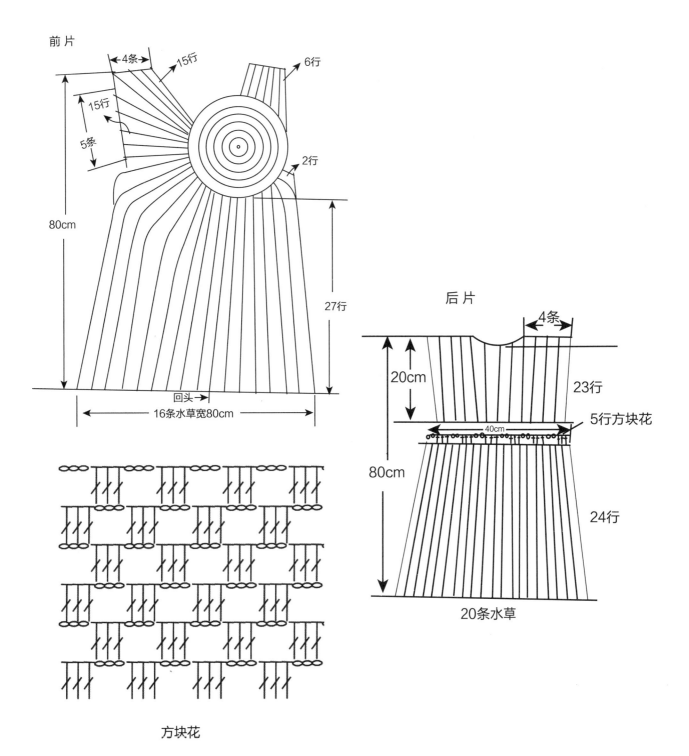

前片

4条　15行

15行

5条

6行

80cm

2行

27行

回头→

16条水草宽80cm

后片

4条

20cm

23行

5行方块花

40cm

80cm

24行

20条水草

方块花

棒针钩针花饰毛衣

款号：22

材料：东丽绒线蓝色250g、大红100g、粉色50g、橘黄色50g、肉色50g、深玫红色50g

工具：3.0钩针

完成尺寸：衣长46cm，胸围93cm，肩宽43cm

编织要点：

1.钩黄色虾辫28cm，2条

钩红色虾辫28cm，8条

钩红色虾辫58cm，4条

钩红色虾辫20cm，4条

钩红色虾辫14cm，4条

按图所示，将虾辫盘成蝴蝶形连接网格。

2.钩山菊花大花18cm的2个，16cm的4个，5个瓣的山菊花钩10个，按图所示摆放连接即可。

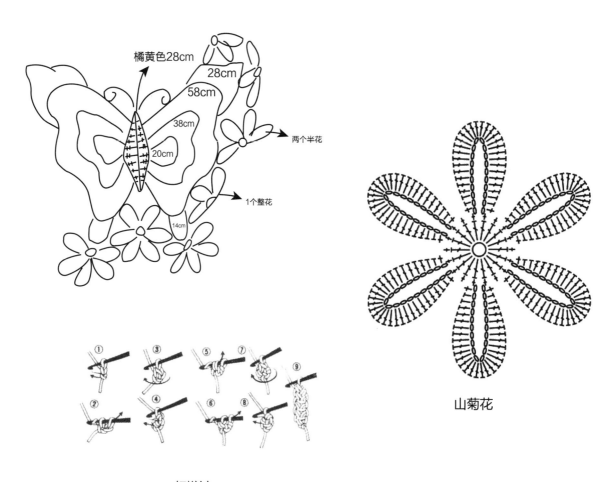

橘黄色28cm

28cm

58cm

38cm

20cm

两个半花

1个整花

14cm

虾辫针

山菊花

款号：23

材料：卡其色马海毛两股线400g

工具：2.0钩针

完成尺寸：衣长77cm，胸围93cm，肩宽40cm

编织要点：

1.用2.0钩针，两股马海毛合股钩，先钩领花3个并连接，再起钩腰间花样A，依次钩花样B、C图案，完成后，将它们摆放好位置如图所示连接。

2.从腰间往下起钩方格网，打好骨架后，钩花样D图案，最后缝上蕾丝边即可。

3.塔裙是双层：先钩方格网，起钩5行，第6行每8格加出1格来。不加不减钩10行，第11行双层每8格加出1格，不加不减钩10行，依次做3次，钩出裙形即可，在方格网上钩C图案，3条从腰间起每11行起钩1条，钩3条即可。

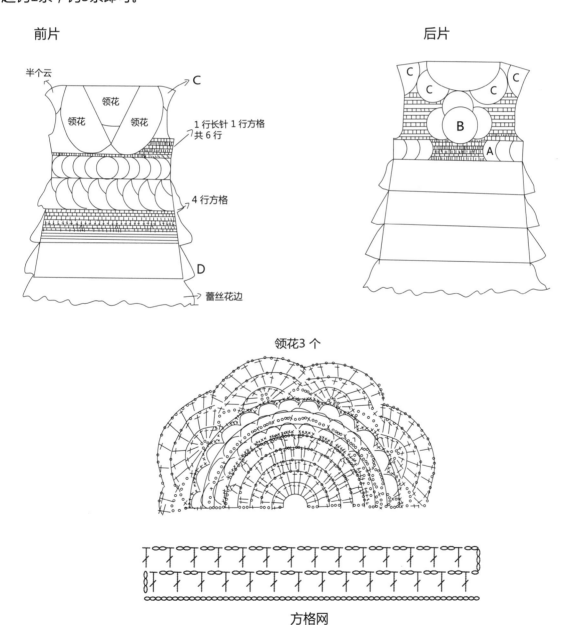

前片

半个云　领花　领花　领花　C

1 行长针 1 行方格
共 6 行

4 行方格

D

蕾丝花边

后片

C　C　C　C　B　A

领花 3 个

方格网

花样A（腰间花，两侧各钩5个半花)

花样B

花样C

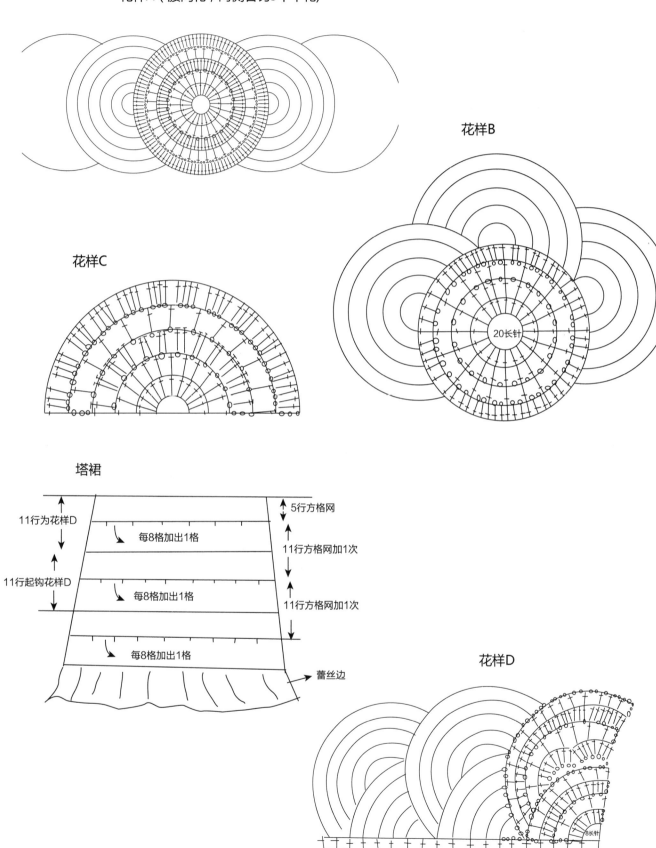

20长针

塔裙

11行为花样D

5行方格网

每8格加出1格

11行方格网加1次

11行起钩花样D

每8格加出1格

11行方格网加1次

每8格加出1格

蕾丝边

花样D

8长针

款号：24

材料：深灰色棉线350g

工具：2.0钩针

完成尺寸：衣长60cm，胸围100cm，肩宽40cm，袖长16cm

编织要点：

前后身片钩编方法一样，用2.0号钩针起钩，第一行先钩5个角的花，一共钩10个，边钩边连接（也可用一线连方法起钩）。后面钩6个角的花共30个，按图所示排花连接，领口留出两个花的边不连接。袖口钩1个5个角的花，6个角的花，这个6个角的花与其他6角花不同在于，它起花是按6个角花起钩，钩到2行水草花时，留下1个角不钩，只钩另外5个角，完成后与衣身连接。按下摆花样图钩下摆。

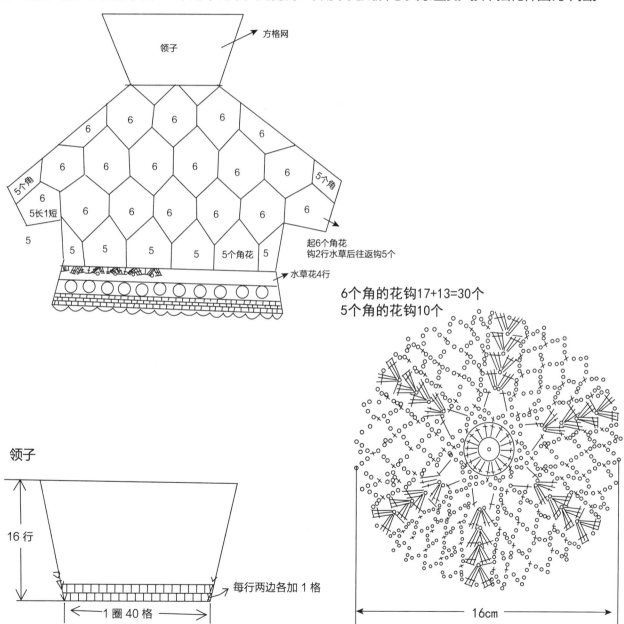

方格网

领子

5个角

5长1短

5

6个角的花钩17+13=30个
5个角的花钩10个

5个角

起6个角花
钩2行水草后往返钩5个

5个角花

水草花4行

领子

16 行

1 圈 40 格

每行两边各加 1 格

16cm

下摆串花

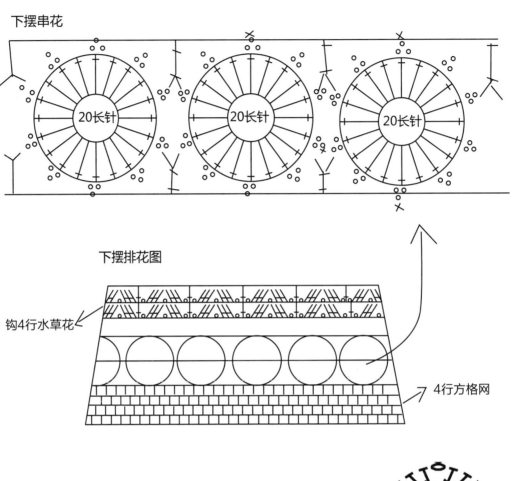

下摆排花图

钩4行水草花

4行方格网

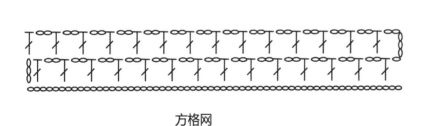

方格网

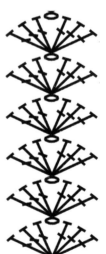

水草花

款号：25

材料：暗粉红色蕾丝棉线750g

工具：1.5钩针

完成尺寸：衣长53cm，胸围93cm，肩宽40cm，袖长46cm

编织要点：

1.用1.5号钩针，总共钩100个单元花，左右前片各15个花，后片30个花，两边袖子各16个花，帽子8个花。每个单元花长、宽各8cm。

2.前片肩连接2个花，余下1个花连接帽子。

3.衣服底边按图所示钩7行即可，袖边与衣服底边花样一样，只钩5行即可。

4.帽子钩渔网花，先从花朵一边起钩，钩到1/3宽度停针，从帽中间开始钩，边钩边连接两边部分。最后在帽子和门襟钩一圈花边。

单元花（共100个）

8cm

衣服底边和袖口花样

往下钩
共钩 7 行
袖口钩 5 行

衣服5行花，前后片各6列
袖4行花，1圈4个花
帽子边1圈钩8个花，其余
钩渔网花

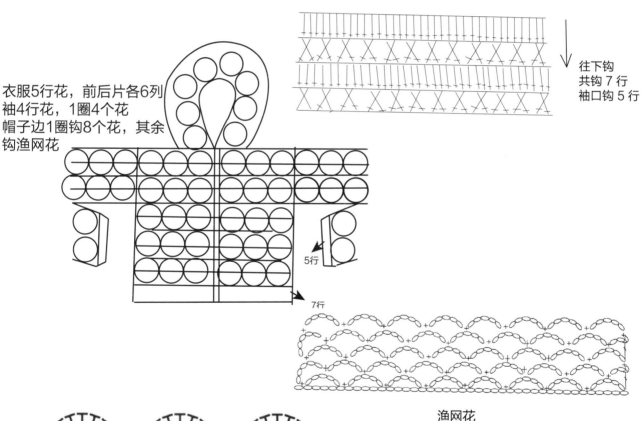

5行

7行

渔网花

领和门襟花边

棒针钩针花饰毛衣

款号：26

材料：肉粉色棉麻线450g

工具：1.0钩针

完成尺寸：衣长77cm，胸围96cm，肩宽40cm，袖长48cm

编织要点：

1.用1.0钩针先起钩串花2条，第一条16个花，第二条23个花，串花的钩法，先钩每个花的一半，钩到第16个时钩1个整花，回头钩每个花的另一半，补齐完成每个小花，再依次钩第二条23个花，两条完成后，将其连接，组成衣服的上半部分。

2.在长条串花上打格，钩花样B，钩6行后分袖，前片10组水草花，袖12组水草花，后片20组水草花（1个大水草花，1个小水草花构成1组水草花）。袖窿处多钩出2组水草花，继续往下钩，9行再次打格，换回花样C，往下钩36行，改钩花样D，在第26行处再钩1次花样D即可。

3.袖子除分出10组水草花外，再在袖窿底部挑钩2组水草花，与原来10组水草花构成袖子宽。钩12行时，换钩花样C19行，再钩花样D即可。这里要注意的是在换钩花样C时，要多钩出3条花样C，这样袖子就出现喇叭形状了。

4.帽子钩花样E，先钩两侧，后钩中间。

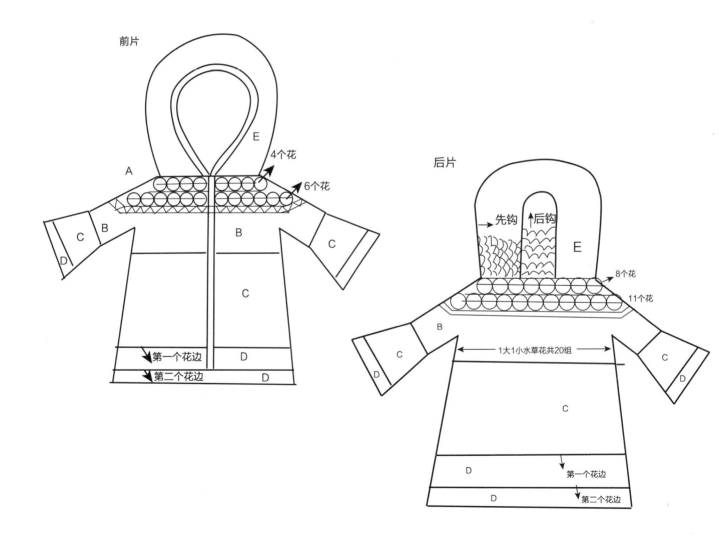

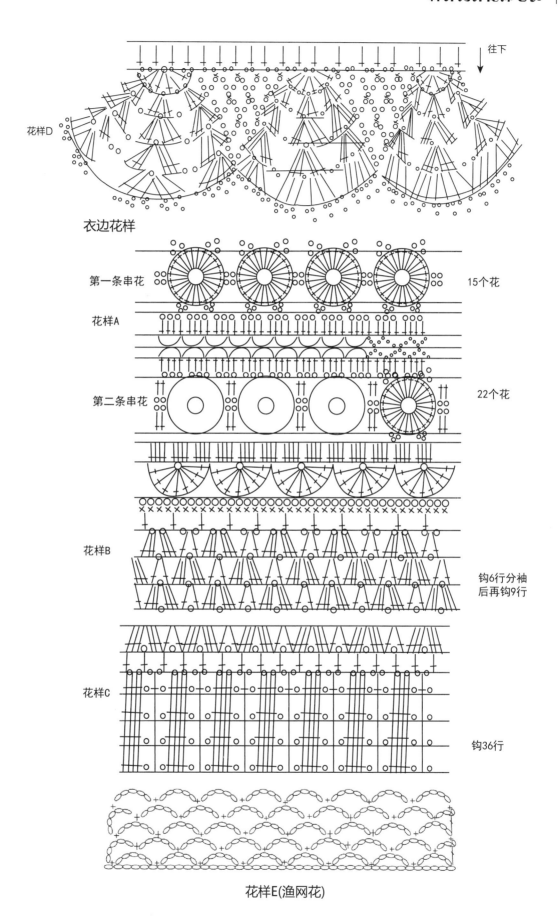

往下

花样D

衣边花样

第一条串花

花样A

15个花

第二条串花

22个花

花样B

钩6行分袖
后再钩9行

花样C

钩36行

花样E(渔网花)

款号：27

材料：西瓜红棉麻线400g，蕾丝花边适量

工具：1.0钩针

完成尺寸：衣长76cm，胸围93cm，肩宽40cm，袖长8cm

编织要点：

1.用1.0钩针起钩，先钩8个瓣的花14个1圈，往上钩，留出袖窿，按前后片图示走花，完成上衣部分。

2.从腰间线起往下钩，先钩2圈长针，再钩7个瓣的花1圈16个，8个瓣的花1圈16个，然后钩2圈长针，要适当加针，加出4个花的长针来，起花钩8个瓣的花20个1圈，第二圈仍是8个瓣的花1圈20个，第三圈钩9个瓣的花1圈20个即可。

3.最后缝上蕾丝花边，领子也缝上1圈蕾丝花边。钩编时要注意单元花的走势，单元花里的每朵小花都是5个角。

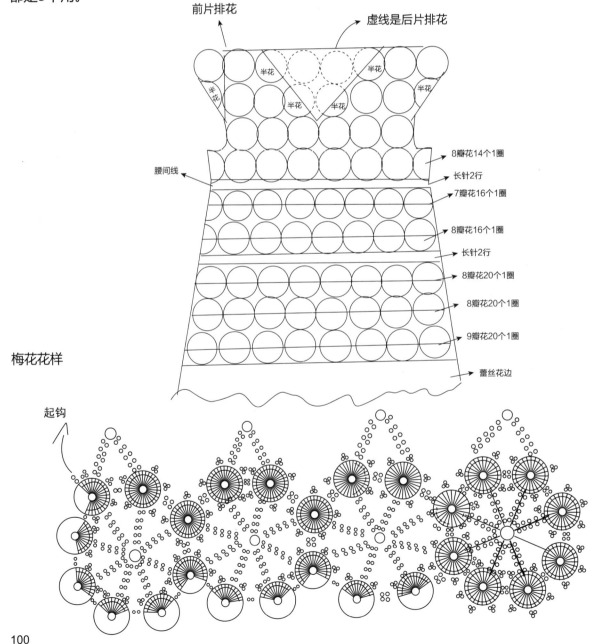

款号：28

材料：卡其色麻线400g

工具：1.0 钩针

完成尺寸：衣长69cm，胸围100cm，肩宽43cm，袖长60cm

编织要点：

1.用1.0钩针起钩单元花，可以用一线连方法钩，把花先连成一条条后，用辫子针对接连接，注意每条花的摆放位置，左侧花和右侧花分开。再连接袖子，最后用短针钩法起5行门襟和领口即可。

2.前片由4条花组成（以右前片为例）。

第一条（门襟边）：3瓣花9个

第二条：6瓣花9个+4瓣花1个+2瓣花1个

第三条：6瓣花10个+4瓣花1个

第四条：6瓣花7个+5瓣花3个+3瓣花1个

3.后片由7条花组成。

第一至第七条：6瓣花7个+5瓣花3个+3瓣花1个

第二至第六条：6瓣花10个+4瓣花1个

4.袖片由6条花组成。

第一、第六条：6瓣花2个+5瓣花1个+4瓣花1个

　　　　　　+3瓣花1个+2瓣花1个

第二、第五条：6瓣花7个+5瓣花1个

第三、第四条：6瓣花8个

5.用6针辫子针将1条花连接，再与另一条花对连。

辫子针

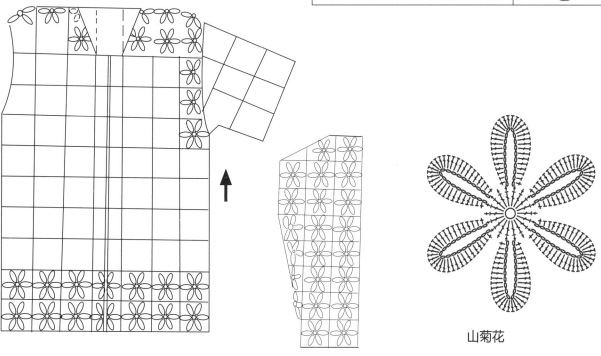

山菊花

款号：29

材料：淡紫色棉麻线250g

工具：1.0钩针

完成尺寸：衣长47cm，胸围97cm，肩宽40cm，袖长17cm

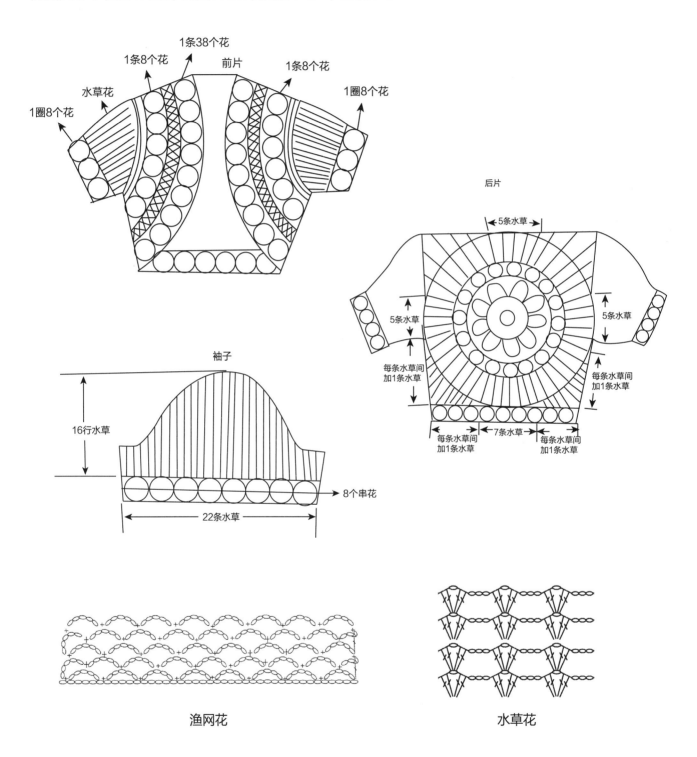

渔网花

水草花

编织要点：

1.用1.0钩针起钩串花38个长1条，再钩8个花的4条，按前片图示，摆放好位置连接，用渔网花针法连接好两条8个花的串花，钩出前片两侧。

2.后片，先钩出中心的一个大花，再钩串花后打格钩8圈水草花后分花，中间7条水草花，两侧各6条水草花，两边袖窿各5条水草花，两边肩部各5条水草花，后领5条水草花。总共44条水草花。衣摆两侧1行水草花间要多加出1条水草花，往外钩时，减针钩出三角形来即可。衣摆中间的7条水草花不动，袖窿两侧各5条水草花不动，领窝中间的5条水草花不动，两侧肩部的各5行水草花要加长5行，即可与衣服前片连接。

3.袖片。把8个串花合拢成圈，起钩水草花，往上钩，边钩两侧边减针，钩满16行即可与衣服袖窿连接。

4.最后按图所示钩出衣边花样即可。

衣边花样

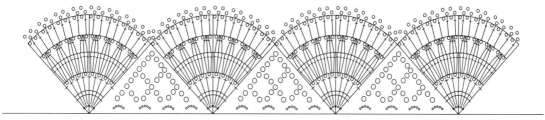

背后大花花样　　　串花

款号：30

材料：浅驼色天丝线 250g

工具：1.0钩针

完成尺寸：衣长50cm，胸围100cm，肩宽40cm，袖长17cm

编织要点：

用1.0钩针起钩单元花，按图所示排花，整花钩60个，半花钩7个，衣服带袖子，最后钩衣边即可。

单元花

整花60个，半花7个

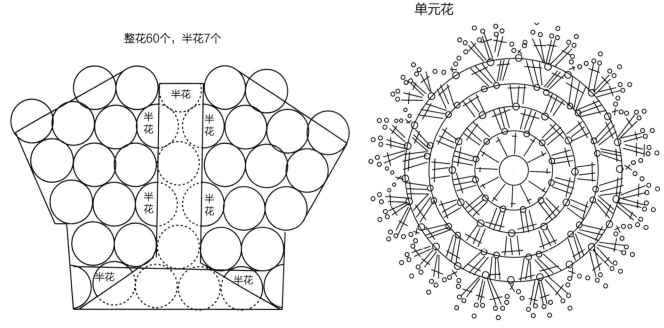

衣边、袖边花样

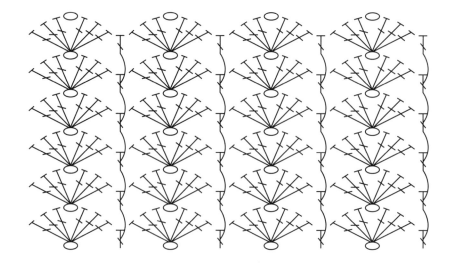

款号：31

材料：浅蓝色棉麻线350g，蕾丝花边适量

工具：5号棒针，3.5号竹针

完成尺寸：衣长56cm，胸围93cm，肩宽40cm，袖长48cm

编织要点：

1.先用5号棒针起前片92针，织单罗纹5cm后2针并1针共并40针，换3.5号竹针织2行平针后，开始织花样，按图所示排花往上织30cm处，袖窿一边开始收针。4行收2针直至够20cm长为止。

2.后片起192针，先用5号棒针织5cm单罗纹后，2针并1针用3.5号针织。按图所示排花，往上织到30cm处，两头每4行各并2针，直至20cm长为止。

3.袖片，起100针，先用5号棒针织单罗纹，织至5cm后2针并1针，余下50针，换3.5号针圈织，往上织26cm排花后片织，两头每4行各并2针直至20cm长与前后片袖窿连接。

4.用同色蕾丝花边缝在衣服底边和袖口边即可。

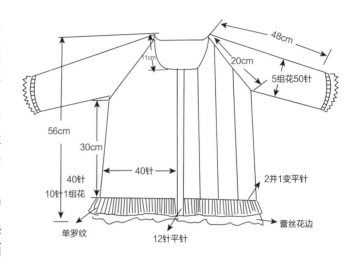

编织花样

单罗纹

棒针钩针花饰毛衣

款号：32

材料：绿色段染毛线750g，绿色马海毛250g

工具：5号棒针

完成尺寸：衣长60cm，胸围100cm，肩宽40cm，袖长60cm

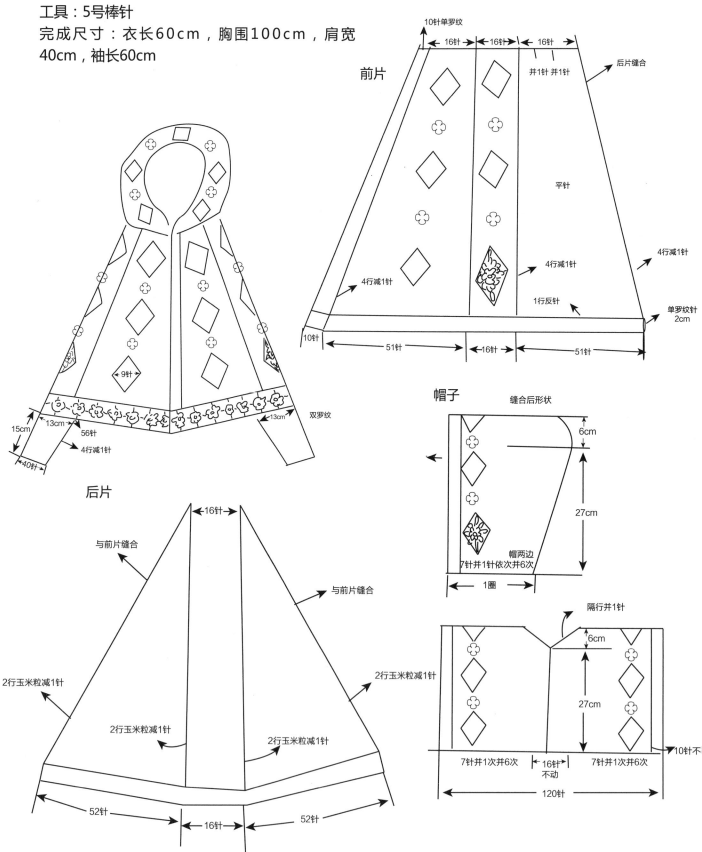

前片

10针单罗纹

16针　16针　16针

后片缝合

并1针　并1针

平针

4行减1针

4行减1针

1行反针

单罗纹针2cm

10针　51针　16针　51针

4行减1针

帽子

缝合后形状

6cm

27cm

帽两边
7针并1针依次并6次

1圈

后片

16针

与前片缝合

与前片缝合

2行玉米粒减1针

2行玉米粒减1针

2行玉米粒减1针

2行玉米粒减1针

52针　16针　52针

隔行并1针

6cm

27cm

7针并1次并6次

16针不动

7针并1次并6次

10针不

120针

15cm

13cm

56针

4行减1针

13cm

双罗纹

9针

40针

编织要点：

1.前片用5号棒针起128针，织2cm单罗纹，然后织1行反针后变平针，门襟10针单罗纹不变，一直往上织，找出中间的16针，以它为中心，左右两块两边同时开始减针，每4行并1次，直至余16针停止。每块找到中点，织出菱形块，每个菱形块中间织4个球球针。

2.后片起120针，织玉米粒针，同前片一样，找到中间16针，以它为中心并两边的两块，并到没有针数为止，余下中间16针即可。

3.袖子，钩完衣服底边，以菱形块为中心，量出13cm处连接，分出袖腕的距离，挑56针织双罗纹，每4行减2针，减至40针全部收掉即可。

4.帽子延用衣服针数，帽片两边每隔7针并1针，共并6次，余下120针往上织帽子，按图所示织法即可。

5.把钩好的贴花缝到菱形块上。

衣边花样

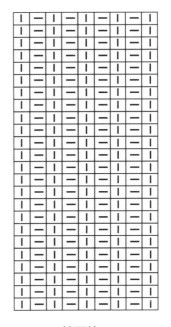

单罗纹

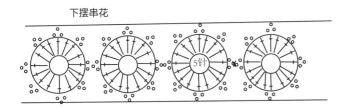

下摆串花

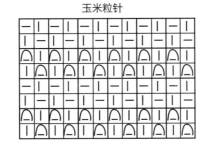

玉米粒针

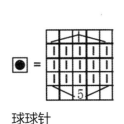

球球针

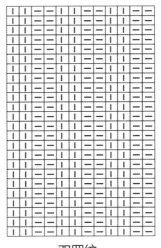

双罗纹

款号：33

材料：驼色棉线250g，驼色疙瘩线250g

工具：2.0钩针

完成尺寸：衣长50cm，胸围100cm，肩宽40cm，袖长16cm

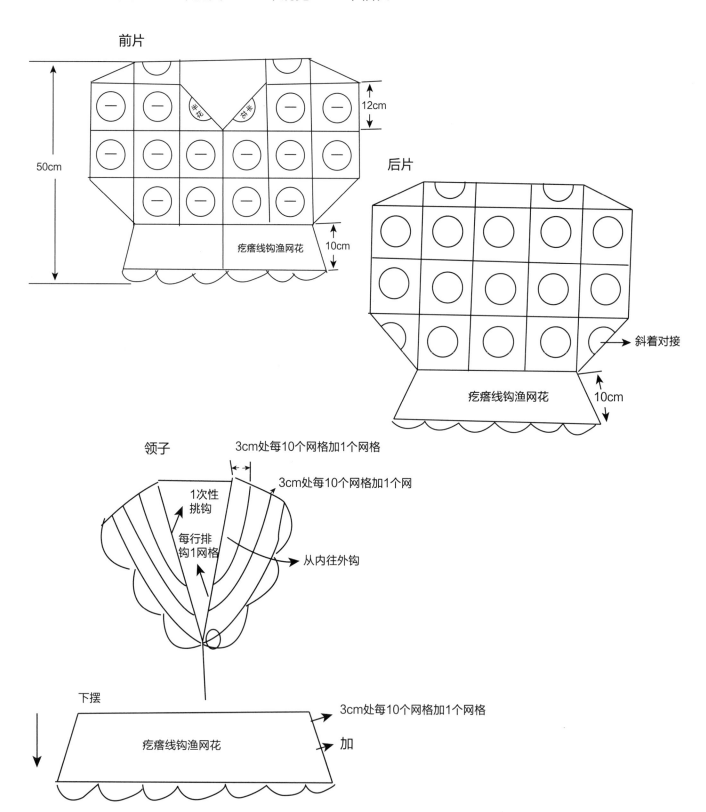

前片

50cm

12cm

10cm

疙瘩线钩渔网花

后片

斜着对接

10cm

疙瘩线钩渔网花

领子

3cm处每10个网格加1个网格

3cm处每10个网格加1个网

1次性挑钩

每行排钩1网格

从内往外钩

下摆

3cm处每10个网格加1个网格

疙瘩线钩渔网花

加

编织要点：

1.用2.0钩针钩整花31个，半花钩2个，按图所示排花，用驼色疙瘩线以渔网针连接。

2.领子，按图所示多钩3cm，要加网格，让领子向外展开。

3.衣服下摆也沿用领子的钩法。

4.在领边、衣服底边钩花边。

单元花

渔网花

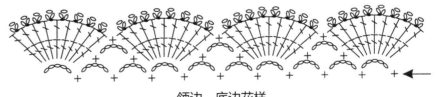

领边、底边花样

款号：34

材料：红色羊绒线500g，咖啡色羊绒线250g，红色马海毛200g，咖啡色马海毛150g

工具：2.0钩针

完成尺寸：长176cm，宽80cm

编织要点：

用2.0钩针起钩红色大单元花，将红色羊绒线与红色马海毛线合股钩，共钩24个大花。将咖啡色羊绒线与咖啡色马海毛线合股钩小单元花，钩14个整花，18个半花。长边钩花边花样。短边拴上流苏。

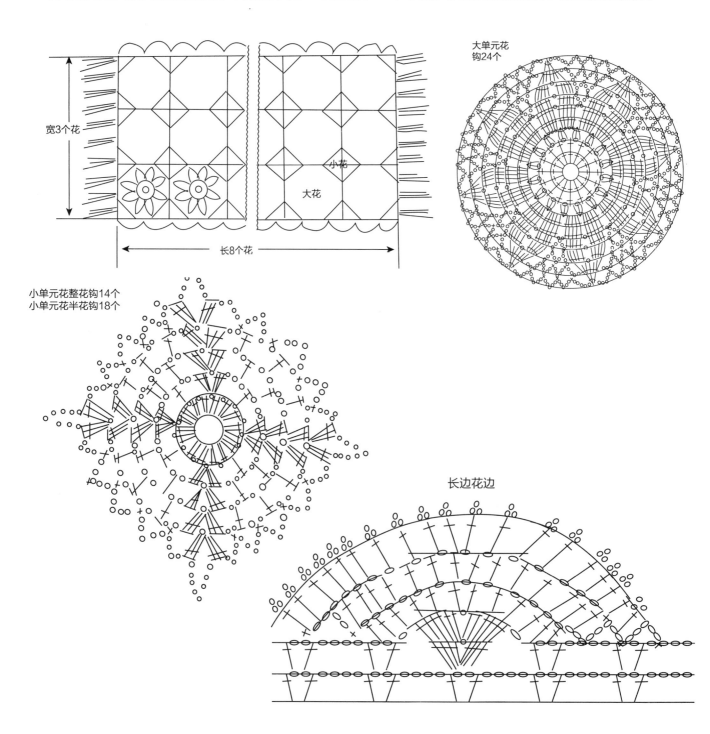

款号：35

材料：卡其色羊绒线750g，卡其色马海毛250g
工具：2.0钩针，3.6竹针
完成尺寸：长163cm，宽56cm

编织要点：

用2.0钩针起钩，把卡其色羊绒线与卡其色马海毛合股钩，大单元花钩27个，小单元花钩16个整花，12个半花，将所有花连接完。长边按花样钩边。在披肩的边缘装上流苏即可。

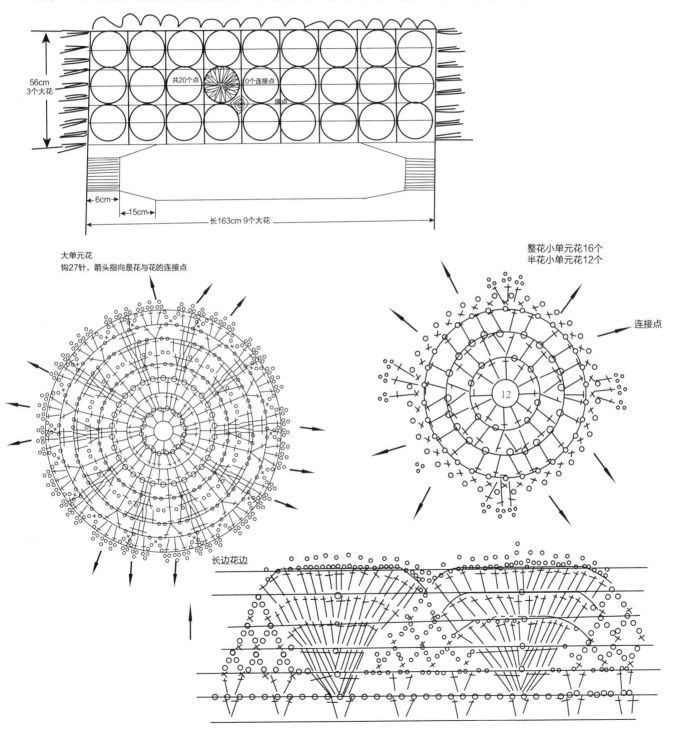

56cm
3个大花

共20个点 0个连接点 接点

6cm 15cm 长163cm 9个大花

大单元花
钩27针，箭头指向是花与花的连接点

整花小单元花16个
半花小单元花12个

连接点

12

长边花边

款号：36

材料：卡其色段染线750g，卡其色马海毛250g
工具：5号棒针
完成尺寸：长130cm，宽50cm

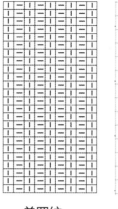

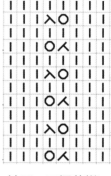

单罗纹　　　　袖子、下摆花样

编织要点：

1.螺旋花用5号棒针起72针，按图示编织。

2.第2个花排在第1个花的一边12针，另外再加出60针圈织，
第2行挑2个花的边共挑24针，另外再加48针后，圈起来织。

3.按图所示织袖子，将其缝合。

4.披肩长的一边钩花边，短的一边拴上流苏。

披肩

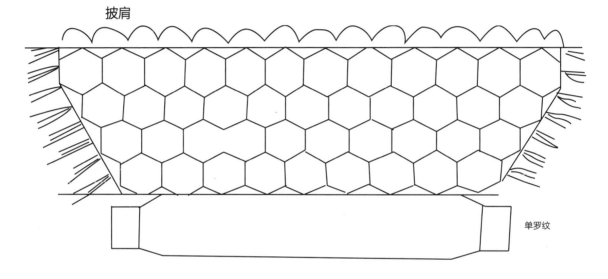

单罗纹

螺旋花

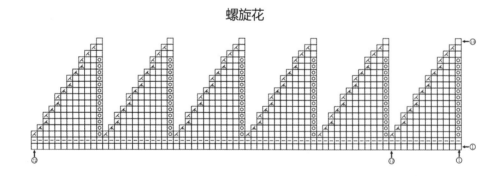

款号：37

材料：米色羊绒线750g

工具：3.0钩针

完成尺寸：衣长50cm，胸围94cm，肩宽40cm，袖长13cm

编织要点：

1.用3.0钩针，起钩44个单元花，按图所示连接，按腰间花样钩6cm往下钩，直至衣边花样钩完，钩领边2cm，袖边2cm，缝上蕾丝边即可。

2.前后片的第一行花连接，其余行不连接，留作袖窿使用。

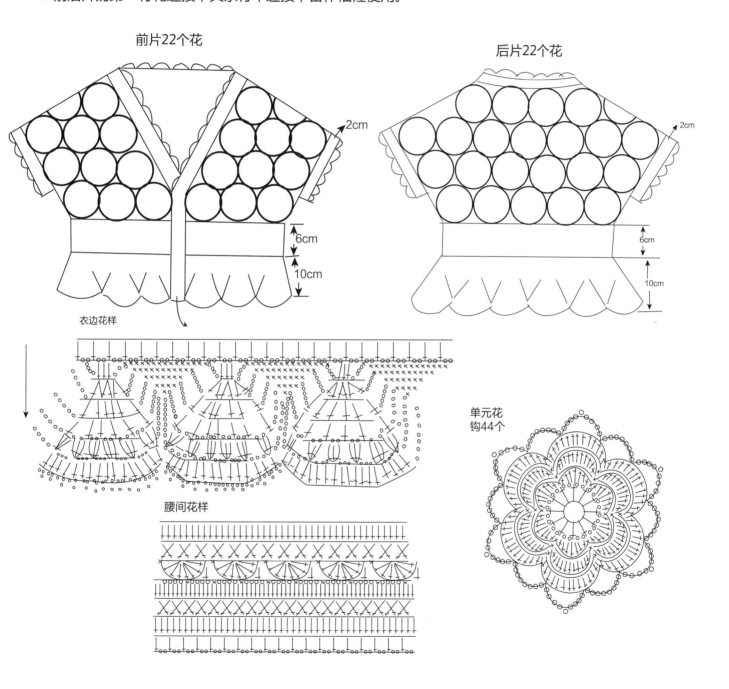

前片22个花　　　　后片22个花

衣边花样

腰间花样

单元花
钩44个

款号：38号

材料：深粉色羊绒线400g，深粉色马海毛250g

工具：2.0钩针

完成尺寸：衣长65cm，胸围93cm，肩宽40cm，袖长60cm

编织要点：

1.用2.0钩针从花心开始钩，向外扩展钩，钩单水草花，单水草花之间用辫子针逐行加针，从1个辫子针加到2个、3个、4个辫子针。织时注意衣片平整且力度适当，每行只加1个辫子针。

2.后片不留领口，跟前片钩法一样。

3.袖子按图所示起3组花，每行两边各加1格，钩至13cm处钩6cm辫子针，圈织，每3行两边各减2格直至40cm处，加出1组花，再往下钩6cm，钩出一个小喇叭形即可。

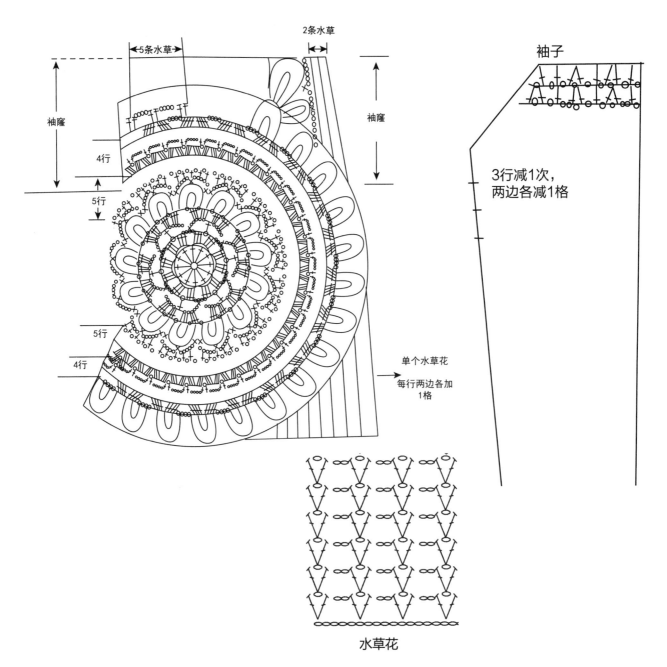

水草花

款号：39

材料：卡其色棉麻线400g

工具：1.0钩针

完成尺寸：衣长83cm，胸围100cm，肩宽40cm，袖长16cm

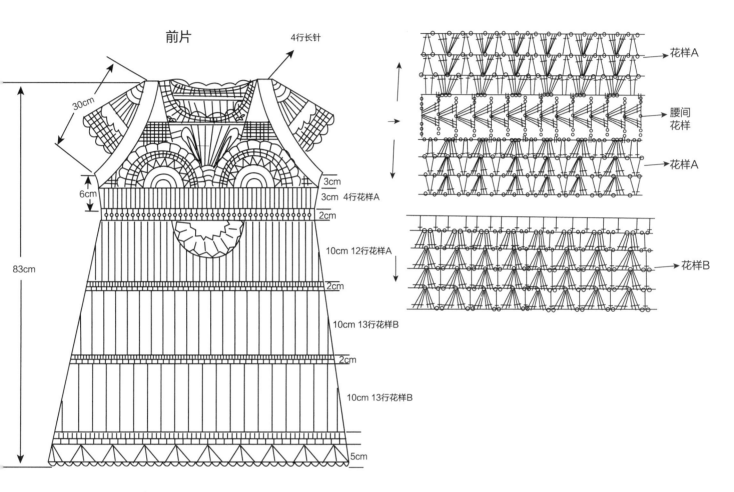

前片

4行长针

30cm

6cm

83cm

3cm

3cm 4行花样A

2cm

10cm 12行花样A

2cm

10cm 13行花样B

2cm

10cm 13行花样B

5cm

花样A

腰间花样

花样A

花样B

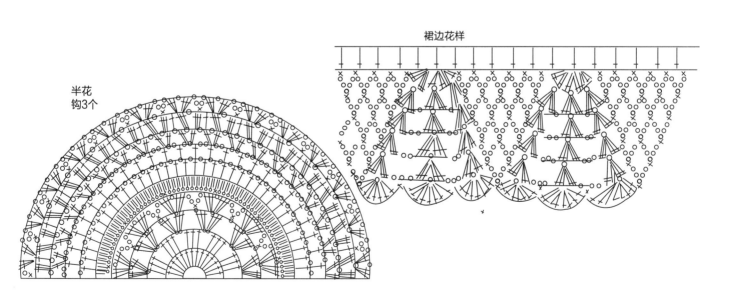

半花钩3个

裙边花样

编织要点：

1.用1.0钩针起钩腰间花样83cm圈起来，往上钩花样A图案3cm，共钩4行，钩两朵半花图案，按图所示放置适当位置，钩两边网格，固定领口后，钩胸前盘花。

2.留出两边袖窿后，钩后片，两边递减成插肩型，留出后领口。

3.按袖子图钩袖子，与前后片连接后，钩领口，从外往里钩，要收着钩，形成领口。

4.从腰间往下圈钩10cm花样A后，钩1圈长针后均匀地加出12个方格网。让裙子向外扩展，钩10cm花样B后，再钩一圈长针，然后再钩方格网，仍然加出12个方格，继续往下钩10cm花样B后，钩衣边花样即可。

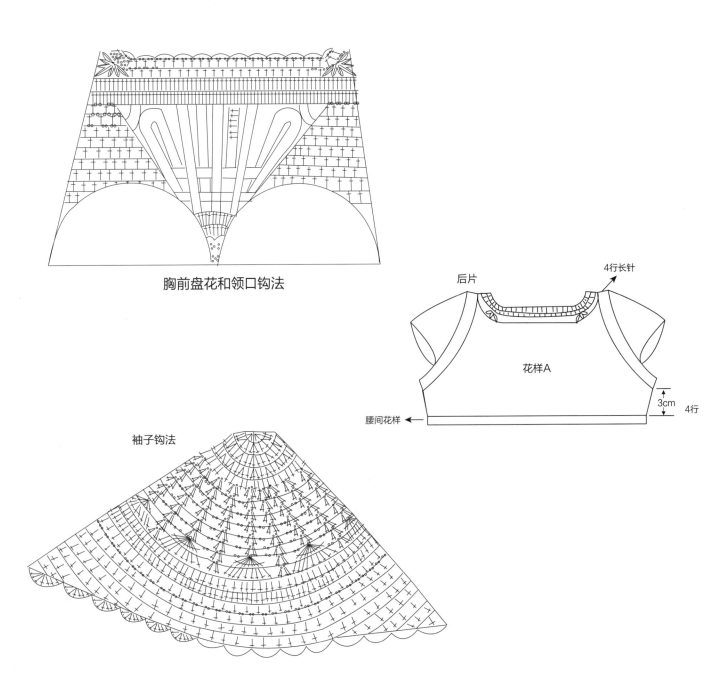

胸前盘花和领口钩法

后片

4行长针

花样A

腰间花样

花样A

3cm

4行

袖子钩法

款号：40

材料：深粉色棉麻线400g
工具：1.0钩针
完成尺寸：衣长58cm，胸围90cm，肩宽40cm，袖长13cm

编织要点：

1.用1.0钩针起钩单元花，12朵连接成圈，往上钩1行方格图后片织，收着钩，并且每行都留格，形成鸡心领。

2.往下圈着钩6行花样A，分袖子，以鸡心领为中心，两边留袖子各9组花，前后片各14组花，在袖窿处各加出2组花，钩够胸围的宽度即可往下钩织。在钩到10cm处，钩1圈长针，再钩1圈方格网，并均匀地加出12个方格网后，改钩10cm花样B，再钩1圈长针，再钩1圈方格网，并均匀加出12个方格网后，往下钩10cm花边即可。

3.花样参考39款作品。

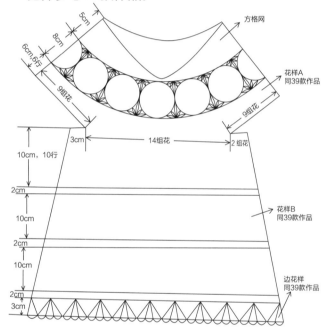

钩单元花12朵

款号：41

材料：西瓜红棉麻线250g

工具：1.0钩针

完成尺寸：衣长32cm，胸围93cm，肩宽40cm，袖长12cm

编织要点：

1.钩前后片，按图排花钩凤舞图案，后领窝多钩2条横条。

2.用布料斜裙与钩好的上衣缝合好。

3.凤舞图案基本针法：10瓣子针起针，回数第7针起钩4长针，再钩6针辫子针，回头在4长针上继续钩4长针，如此循环。需转弯连接时在横条两侧的耳朵上连接。

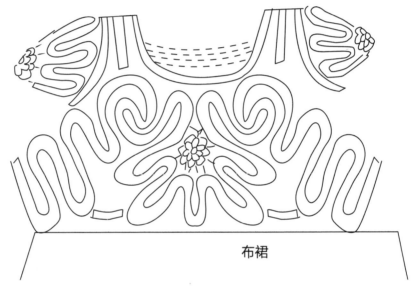

布裙

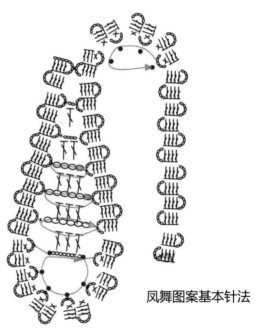

凤舞图案基本针法

款号：42

材料：老红色竹纤棉线300g

工具：1.0钩针

完成尺寸：衣长52cm，胸围93cm，肩宽40cm，袖长20cm

编织要点：

1.用1.0钩针从衣边花串起钩186cm，钩1圈固定花串后，找中间部分起钩衣服图案，两边加针构成衣服斜角后直往上钩26cm，留腋下、袖窿22cm，前领窝往上斜钩20cm。

2.袖子起钩30cm花串，圈钩向上3cm，留腋下3cm，两边斜并向上钩13cm即可。

3.钩衣边缘边。

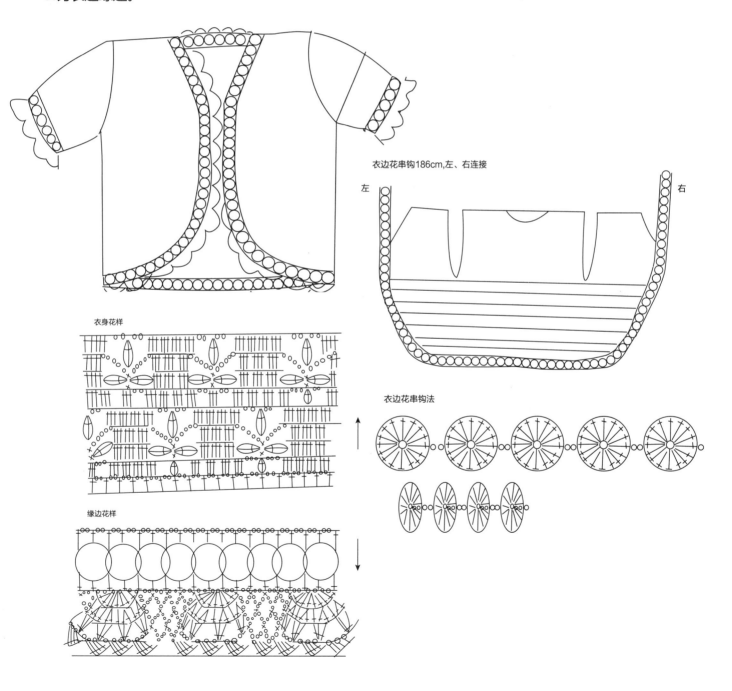

衣边花串钩186cm,左、右连接

左　右

衣身花样

衣边花串钩法

缘边花样

款号：43号

材料：深肉粉色棉麻线150g

工具：1.0钩针

完成尺寸：衣长56cm，胸围93cm，肩宽40cm

编织要点：

1.用1.0钩针从腰间花样起钩，钩80cm长（与个人腰围一样），以腰间花样为中心向上钩17cm，向下扩展钩10cm开始钩花边。起钩领子，按图所示完成后与衣身连接，前片连接处钩1行花边。在钩渔网时适当加一些小扇子花。

2.领子钩完钩渔网时，两头每行都要留下两个网格不钩，找平领口，在胸前形成直线。

腰间花样

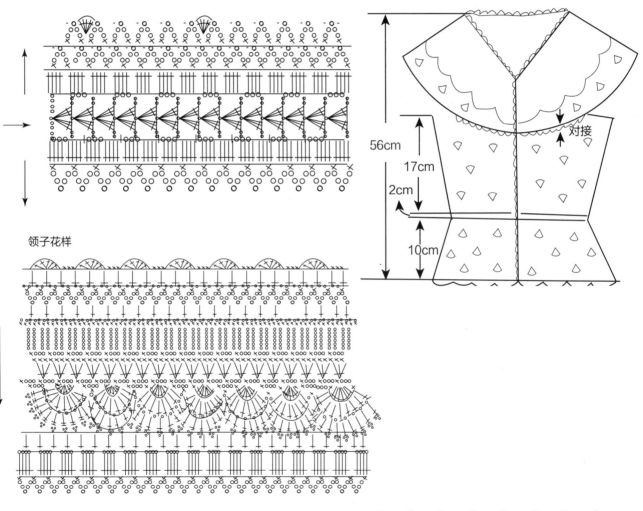

领子花样

渔网花

款号：44号

材料：卡其色棉线300g

工具：2.0钩针

完成尺寸：衣长57cm，胸围100cm，肩宽40cm

钩3条大鱼，19长针
钩3条小鱼，15长针

领子连接点

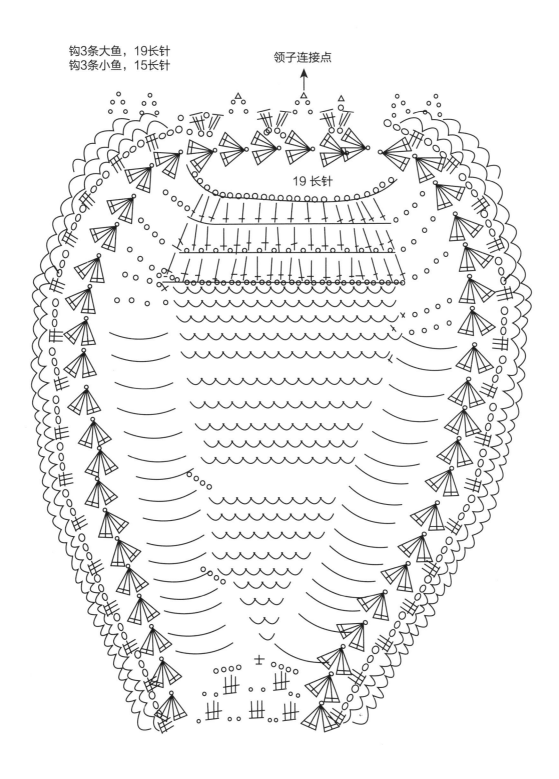

19 长针

编织要点：

1.用2.0钩针起钩3条大鱼，大鱼与小鱼的区别就在于长针的多少，大鱼19针长针，小鱼15针长针，小鱼也钩3条，按图所示摆放在正确的位置连接，前片是1条小鱼，后片是1条大鱼，都与领子连接。

2.袖子，上面1条大鱼，下面1条小鱼，嘴对嘴连接1/3，其余部分与衣服身体连接。

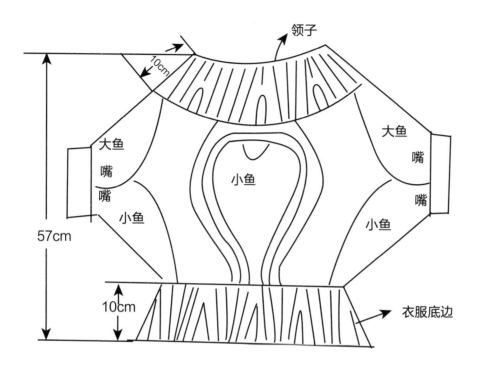

领子花样　钩8组

（▲代表与衣服的连接点）

衣服底边花样　钩9组

（▲代表与衣服的连接点）

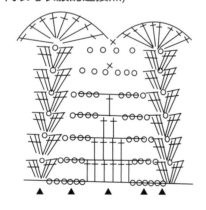

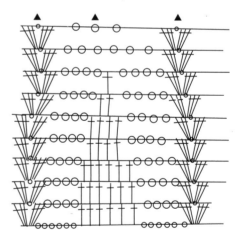

款号：45

材料：咖啡色棉线300g

工具：2.0钩针

完成尺寸：衣长57cm，胸围93cm，肩宽40cm，袖长27cm

编织要点：

1.用2.0钩针起钩1个6个瓣的大花，钩3层，每个花瓣对着钩1条鱼，每条鱼起始长针是9针，两边各有1长针是挑钩，余下的长针是鱼的主体针数7针长针。整件衣服由6个大花组成，前后片各1个，袖子2个，前片钩完大花后开始留领口，后片同样织法。这件毛衣没有前后之分，正反都可以穿。

2.袖子钩完大花即可，不钩渔网花，把大花均匀分成4等份后与前后片肩部连接，钩领子。钩领子要收着钩，钩成波浪花边。

3.衣服底边参照44款作品的底边花样钩织即可。

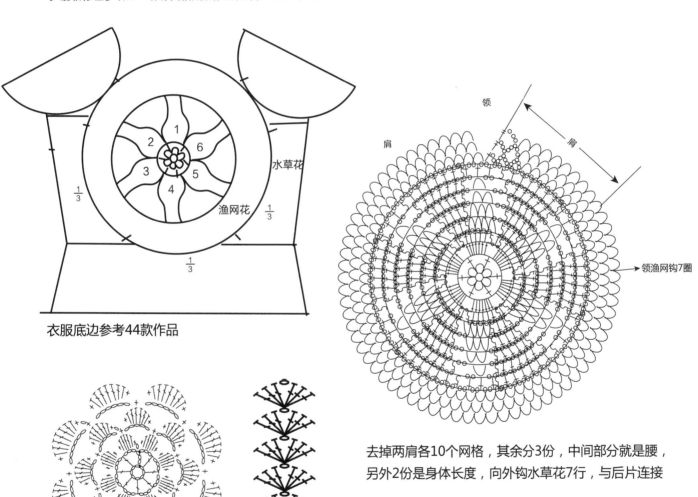

衣服底边参考44款作品

大花　　　　　　水草花

领渔网钩7圈

去掉两肩各10个网格，其余分3份，中间部分就是腰，另外2份是身体长度，向外钩水草花7行，与后片连接

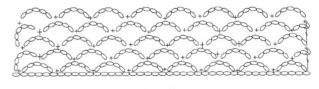

渔网花

款号：46

材料：段染绒线400g，大红色绒线250g，大红色马海毛150g
工具：5号棒针
完成尺寸：衣长53cm，胸围100cm，肩宽40cm

编织要点：

1.用5号棒针起织螺旋花，口诀如下：
起72针圈织
(1)织9下针，加1针3针并1针
(2)织9下针，加1针2针并1针
(3)织8下针，加1针3针并1针
(4)织8下针，加1针2针并1针
(5)织7下针，加1针3针并1针
(6)织7下针，加1针2针并1针
(7)织6下针，加1针3针并1针
(8)织6下针，加1针2针并1针
(9)织5下针，加1针3针并1针
(10)织5下针，加1针2针并1针
(11)织4下针，加1针3针并1针
(12)织4下针，加1针2针并1针
(13)织3下针，加1针3针并1针
(14)织3下针，加1针2针并1针
(15)织2下针，加1针3针并1针
(16)织1下针，加1针3针并1针
(17)织1下针，2针并1针
(18)2针并1针，余针穿在一起即可

2.第2朵螺旋花，挑第1朵螺旋花的1个边12针后，再加出60针圈织。衣领起织60针，5个角的花，这样就形成前衣领围是一条直线。

3.织完所有螺旋花后，要补角，后再挑针织衣服底部和袖子。

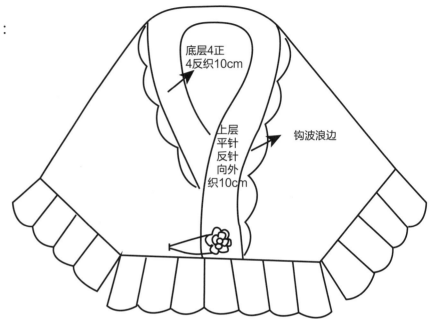

底层4正
4反织10cm

上层
平针
反针
向外
织10cm

钩波浪边

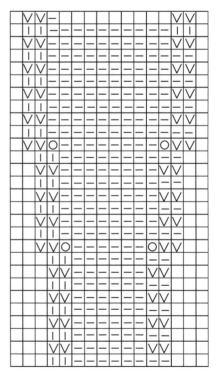

底边织22组176针织10cm
袖子织13组 104针织8cm

领围

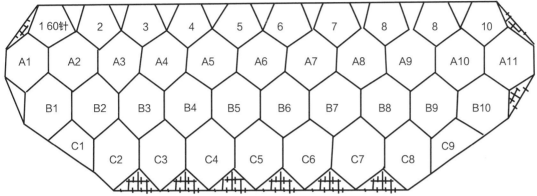

A1和C3连接，A11和C7连接

领边花样

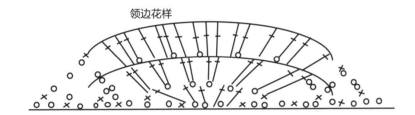

螺旋花

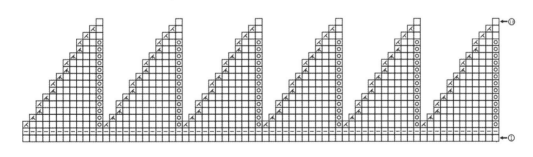

款号：47

材料：驼色羊绒线500g，驼色马海毛250g

工具：5号棒针

完成尺寸：衣长58cm，胸围93cm，肩宽40cm，袖长10cm

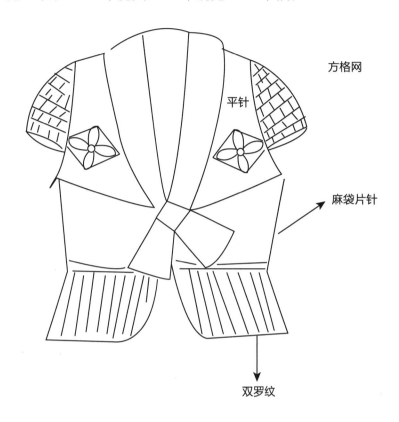

方格网

平针

麻袋片针

双罗纹

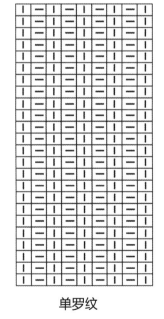

单罗纹

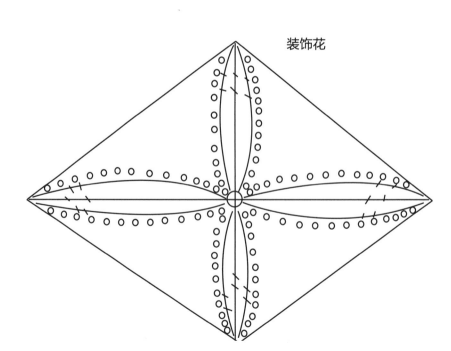

装饰花

编织要点：

1.用5号棒针起23针，织麻袋片针12cm，变单罗纹织8cm，在麻袋片针处再挑23针织8cm单罗纹，形成双层抽口。并着织同时加针，1针变3针，23针织出69针，排花，2针单罗纹，15针麻袋片针，2针单罗纹，31针平针，2针单罗纹，15针麻袋片针，2针单罗纹。织3cm，在31针平针处找到中心针开始织菱形块，菱形块加并9次，最宽处开始回并，完成菱形块后再织3cm，在平针处锁掉31针，回织时加出31针，形成袖窿。

2.用钩方格网的方式钩出袖子10cm，在袖口边钩1圈波浪即可。

3.衣服底边挑针时，每隔3cm加1针织双罗纹，两头各留出门襟针不挑，当每1行织到头时，挑起1针，形成圆形衣襟。挑领子时两头各留15针不挑织双罗纹，每织1行挑1针形成圆形领子。

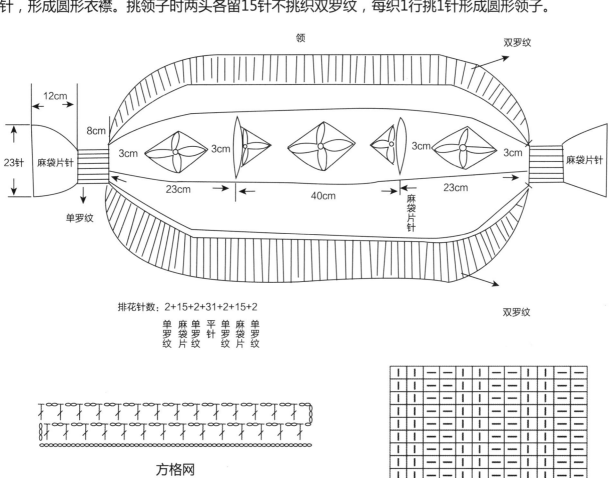

排花针数：2+15+2+31+2+15+2

单罗纹　麻袋片　单罗纹　平针　单罗纹　麻袋片　单罗纹

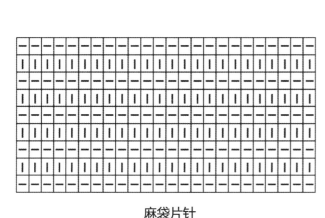

方格网

麻袋片针

双罗纹

图书在版编目（CIP）数据

棒针钩针花饰毛衣 / 王美杰著 . —北京：中国纺织出版社，
2017.9

ISBN 978-7-5180-3109-2

Ⅰ . ①棒… Ⅱ . ①王… Ⅲ . ①女服－毛衣－编织
－图解 Ⅳ . ① TS941.763.2-64

中国版本图书馆 CIP 数据核字（2016）第 284129 号

————————————————————————————

责任编辑：阮慧宁　　　　责任印制：储志伟
装帧设计：刘旭亚

————————————————————————————

中国纺织出版社出版发行
地址：北京市朝阳区百子湾东里 A407 号楼　　邮政编码：100124
销售电话：010 － 67004422　传真：010 － 87155801
http：//www.c-textilep.com
E-mail: faxing@c-textilep.com
中国纺织出版社天猫旗舰店官方微博
http：//weibo.com/2119887771
北京市雅迪彩色印刷有限公司印刷　　　各地新华书店经销
2017 年 9 月第 1 版第 1 次印刷
开本 :889x1194　1 / 16　印张 :8
字数 :99 千字　　定价 :36.00 元

————————————————————————————

凡购本书，如有缺页、倒页、脱页，由本社图书营销中心调换